ソニーデジカメ戦記

もがいてつかんだ「弱者の戦略」

日経BP

はじめに

デジカメ市場でサバイバルに成功したソニー

カメラはスマホ、と言っても事実上差し支えない時代になった。

スマートフォンは「一人一台」「いつでも持ち歩き」「動画も静止画も撮れて」「ネットで共有・配信できる」という、とんでもない道具であり、２００７年6月に米国で初代ｉｐｈｏｎｅが発売されて以来、デジタルカメラの市場を猛然と食い荒らしていく。

マーケットの急減に次ぐ急減は、14ページの図を見れば一目瞭然。デジタルカメラ時代を拓いたカシオ計算機を初め、多くのデジカメメーカーが相次いで撤退した。

だがソニーのデジカメは、そんな死屍累々の状況下で輝いている。

レンズ一体型のコンパクトデジカメ「サイバーショット」で一世を風靡したソニーのデジカメは、スマホの襲来で大ダメージを受けたが、高付加価値の製品にいち早くシフト。中でもレンズ交換式デジカメ「α」シリーズは、小型軽量の「ミラーレス一眼（以下ミラーレス）」を10年から展開。そして13年からは「35ミリフルサイズ（以下フルサイズ）イメージセンサー」を搭載するミラーレス「α7」シリーズを発売して、当時、圧倒的に高性能だった「デジタル一眼レフ」と激烈な戦いを繰り広げる。そして5年後、ソニーはレンズ交換式カメラで世界市場シェアトップを達成。現在、デジカメ市場の中でミラーレスは、唯一成長を続けるゾーンとなっている。

逆襲のシナリオ「A1プロジェクト」

この「ソニーの逆襲」にはシナリオがある。13年4月に社内で宣言された「A1プロジェクト（アルファ・ナンバーワン・プロジェクト）」だ。

シナリオライターは石塚茂樹・元ソニーグループ副会長。上司の無茶ぶりをきっかけに「デジタルマビカ」を開発し、それが世界的に大ヒットしたことで、サイバーショットの草創期から短期間の中断を挟んで約四半世紀、ソニーのデジカメをずっと育てることになった人、である。

デジカメ、というジャンルが生まれた時代ならではの、勢い任せというか「これぞソニー」と手をたたききたくなるような百《ひゃっ》花《か》繚乱《りょうらん》の新型機の企画・発売が続いた時期から、効率と利益を重視する、大企業のビジネスとしての洗礼を受けた雌伏期へ。そしてサイバーショットがスマホによって大打撃を受けることを予測して、限られた戦力を高付加価値商品に集中した決断。石塚氏の語る「デジカメ戦記」は、どこを取ってもビジネススクールの素材になりそうなくらい示唆に富んでいる。

特に、ミラーレスの開発とそのブランド育成は非常に興味深い。ソニーはミラーレスに先行して、06年にコニカミノルタからカメラ部門を事業継承することでデジタル一眼レフ市場に参入していたのだが、高級カメラの世界では「ソニー」のブランドが通用せず、長年不振に喘いできた。ならば、どうしてフルサイズミラーレスでは成功できたのか。その背景を、石塚氏は率直に語ってくれた。

少年の心はまだあるか

一方でこのデジカメ戦記は、やんちゃな少年のようだったソニーが、多くの試練を経て分別のある大人になっていく過程でもある。今やソニーのデジカメには「やりたいからやる」八方破れの商品はすっかりなくなり、デザインも王道。そして価格帯も大幅に上がった。それが支持されているのだから、ビジネスとしては文句の付けようがない。ないのだが、ど真ん中を歩む今のソニーの中には、もう少年の心は残っていないのだろうか。昭和生まれの会社員のノスタルジーかもしれないが、中にいる人はどう思っているのだろう。

このあたりも石塚氏に真正面から聞いてみた。

仕事で、モノづくりで、幸せになるには

昭和から平成を過ぎ、時代は令和、21世紀。一時の低迷期から完全に脱出したかに見えるソニーは、10兆円近い売上高（２０２１年度）の大半をゲーム、音楽、映画、半導体、そして金融で稼ぎ出す企業となった。

その中で、「静止画・動画カメラ」の売上高は４１４８億円（同）にとどまるが、利益への貢献はもちろん、ユーザーが自ら触り、撮影する道具、現実に存在する「モノ」として、強い信頼・愛着を勝ち取る使命を負っている。「ＳＯＮＹ」の4文字は、ディスプレイやスクリーンで見るのもいいが、製品に付けられたときには格別な意味があるはずだ。

誇りが込められた製品は、ユーザーには愛着を、企業には利益を、そして作り手の人生には生きる喜びを与えてくれる。そんな製品を世に送り出すための具体的な方法論も、石塚氏は惜しみなく見せてくれた。

ネットワーク、サブスクリプション花盛りのこの時代に、モノづくりの仕事の面白さ、難しさ、携わる喜びを聞く機会を得られたのは、本当に幸運だったと思う。コロナ禍がまだ収束しない時期だったため、オンラインでのインタビューが中心になったが、その不都合さを全く感じない、熱気あふれる話が次々と出てきた。ライブ感そのままに、対話形式でお送りする。

初めて語られるソニーのデジカメ部隊のインサイド・ストーリー、どうぞご一緒に。

山中　浩之（編集Y）

日経ビジネス　シニア・エディター

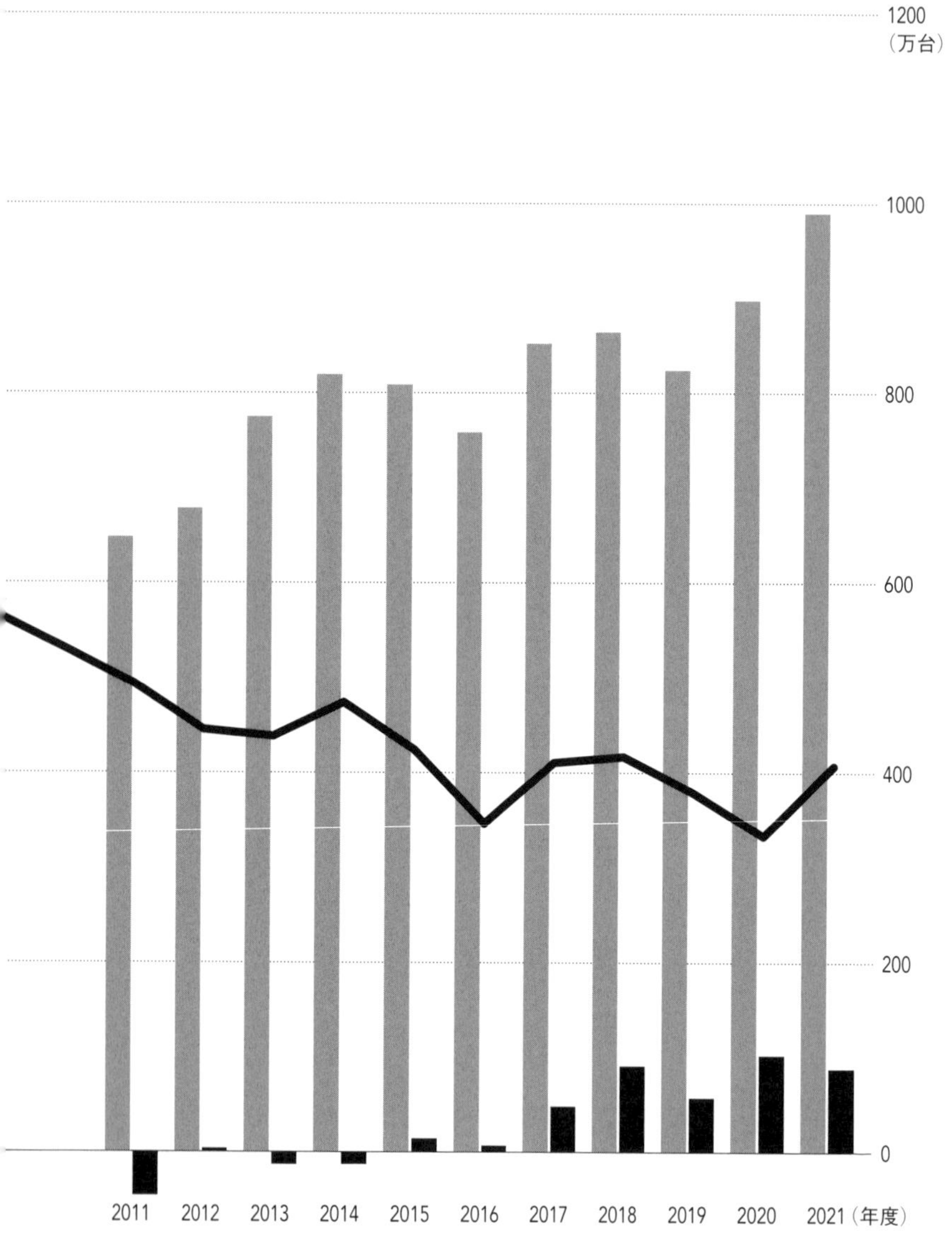
1200
（万台）
1000
800
600
400
200
0
2011
2012
2013
2014
2015
2016
2017
2018
2019
2020
2021（年度）

ソニーの業績推移

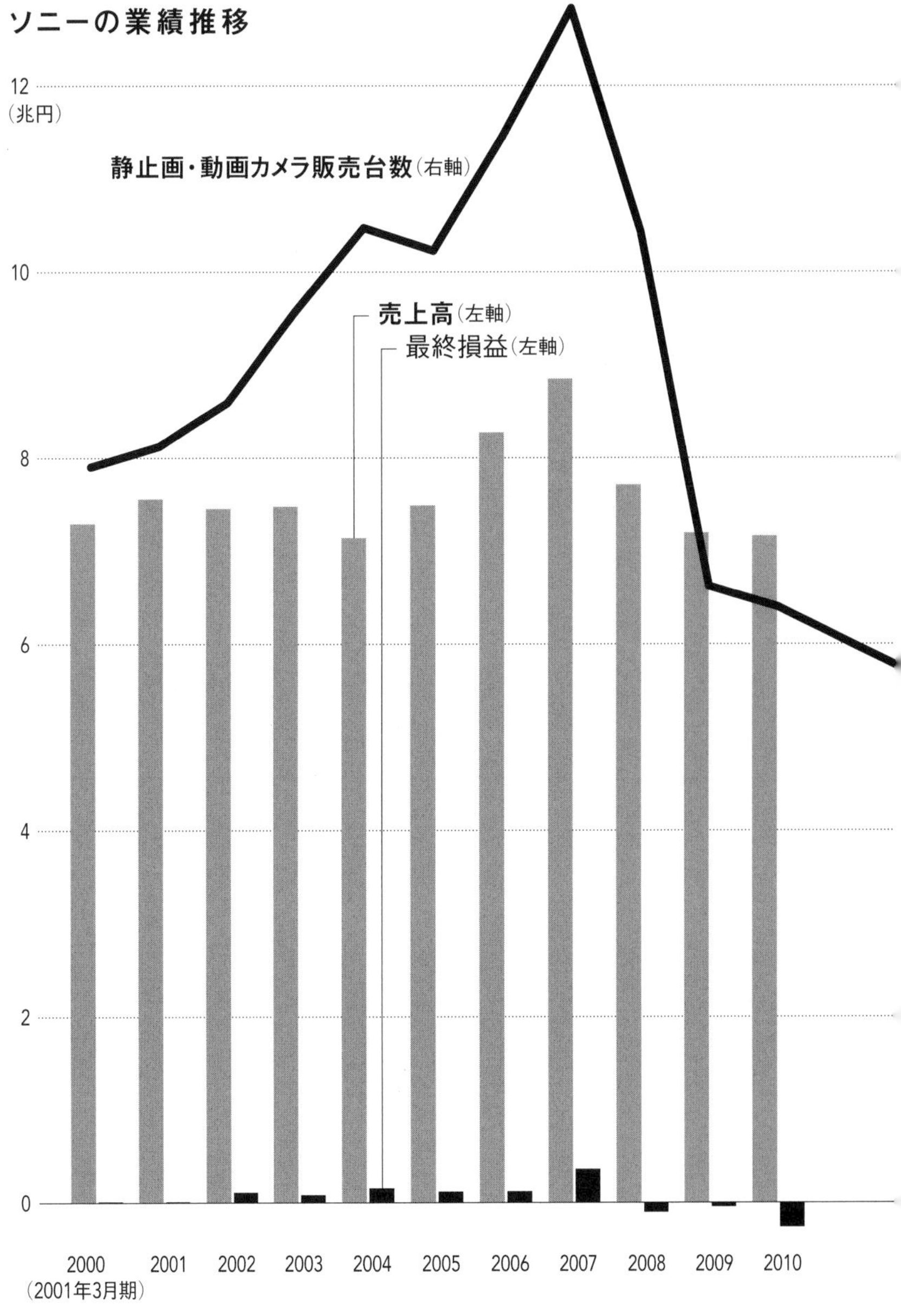

出所：ソニー、ソニーグループ決算短信(連結)　最終損益は「当社株主に帰属する当期純利益(損失)」より

目次

COLUMN

●全世界のデジタルカメラ出荷台数と金額の推移

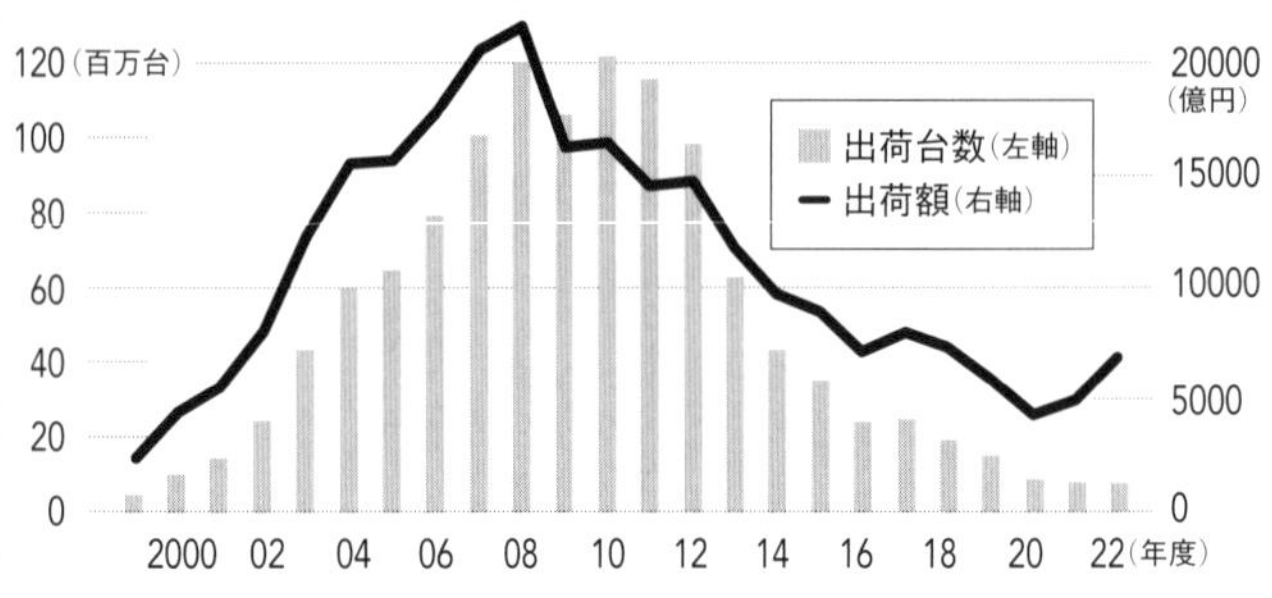

出所：一般社団法人 カメラ映像機器工業会（CIPA）

●出荷台数の種類別比率

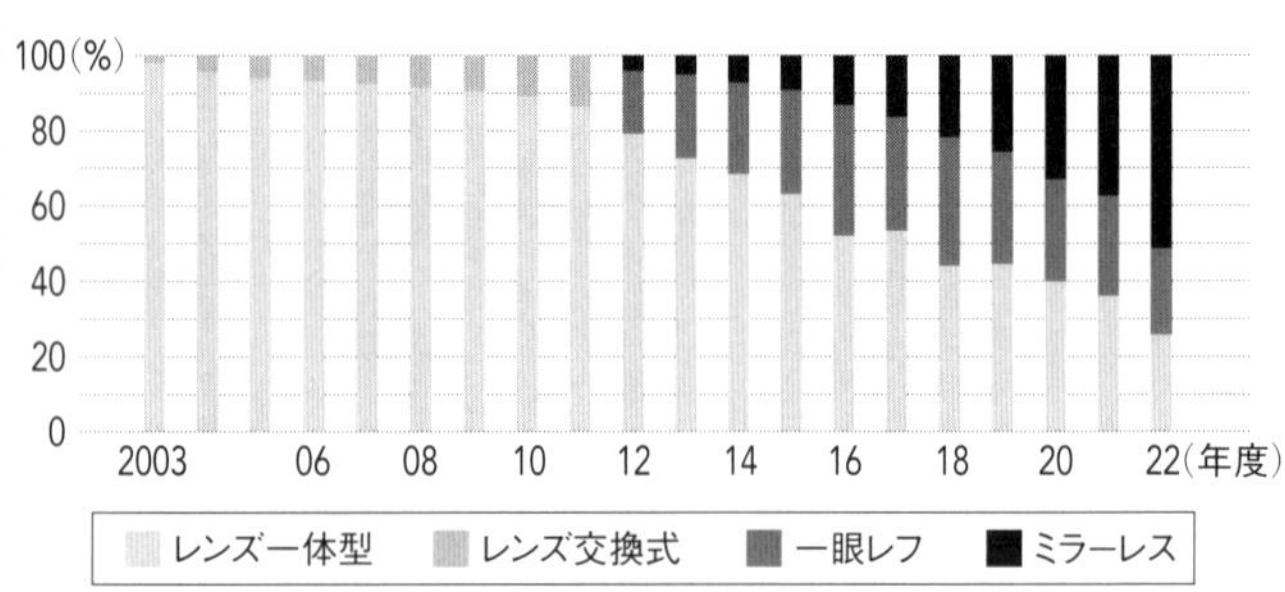

出所：CIPA

●ミラーレスの出荷台数と金額の推移

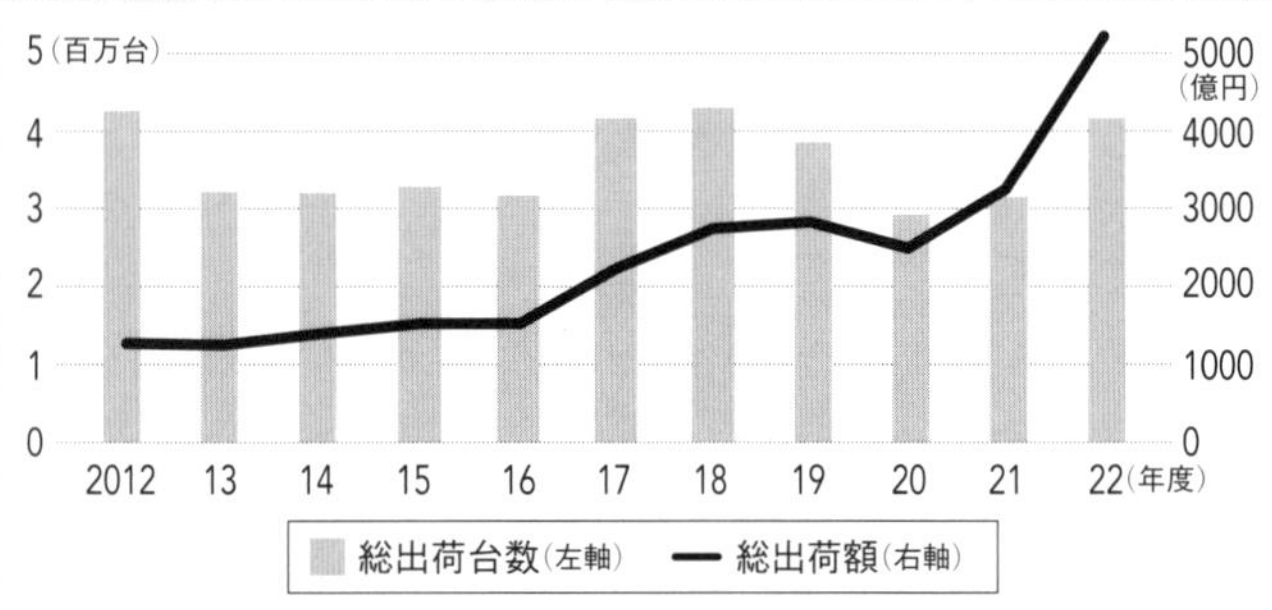

出所：CIPA

第1章

ソニーのデジカメ、初の大ヒットはちょっと意外なあのカメラ

「だって誰でもつくれるじゃないか。よそがつくる前につくろうよ」

——お忙しいところ、ずうずうしいインタビューのお願いに応えていただいて本当にありがとうございます。今回はオンラインですね、資料までご用意いただいたそうで。

石塚　共有画面、映っていますか。ソニーのデジタルカメラの歩みを振り返ろうということですよね。じゃ、さっそく。ソニーのカメラと言えば、まず「マビカ」。

「フィルムがいらない？」カメラ業界を震撼させた「マビカ」

——ありました。新聞広告を見た記憶があります。「カメラなのにフィルムがいらない？あ、テレビで見るんだ、その手があったか！」と驚きました。

石塚　開発発表は１９８１年でした。ちょうど私がソニーに入社した年です。正確には「デジタル」カメラではなくて、２インチのフロッピーディスクにアナログで記録する電子カ

マビカ　MVC-C1（1988年発売）　アナログ記録で画素数は28万。ソニーのレジェンド技術者、故・木原信敏さんが手掛けた（製品画像提供・ソニーグループ、以下同）

メラなんですよね。発売は88年でした。

——テレビには、カメラ本体からビデオ出力するんですか。

石塚　再生用のアダプターがあったんです。

——今見直すと、アップルの「QuickTake 100」に似ていなくもないですね。あれはチノン製でしたっけ。

石塚　これはキヤノンとの共同開発でした。私はマビカには関わっていないので、全部聞いた話なんですけれども、キヤノンで社長を務められた真栄田雅也さん。

——はい、2022年にお亡くなりになった。1981年当時、マビカの開発発表がキヤノンに与えたショックを「日経クロステック」で語られていました。

石塚　僕がデジカメを担当するようになってから、実は真栄田さんとは親交があったんですよ。カメラ業界でのお付き合いはもちろん、たまに飲んだり、ゴルフをしたり。亡くなられてから、偲《しの》ぶ会がありまして、そこに彼の遺品が置いてあったんですね。真栄田さんはもともとメカニカル系のばりばりのエンジニアで、遺品のノートには電子スチルカメラの図面が描かれていました。

――キヤノン側でのご担当だったということですね。几帳面な方ですね。

石塚　そうそう。僕なんかは20代の頃の仕事の記録なんて何も残っていないんだけれども、真栄田さんは非常に緻密で、きちんとした方だったんです。

――「フィルムがいらない」というインパクトはありながら、マビカはあっさり消えちゃいましたね。

石塚　うん。マビカは80年代の前半にカメラ業界、フィルム業界を震撼させたソニーの発明、だったんだけれども、ビジネス的にはまったく成功せず終わったんですよ。

　でも、マビカのアイデアはその後、ソニーのデジカメの初ヒットにつながりました。この機種のヒットがあったからこそ、ソニーのデジカメは今に至っていると思います。

――あっ、「サイバーショットF1」ですね！　あれはかっこよかったです。

DSC-F1（1996年10月）　今も続くソニーのコンパクトデジタルカメラ「サイバーショット」シリーズの初代。レンズ部が回転して自撮りができる。金属の質感と未来的なデザインに、今なお「サイバーショットと言えばこれ」というファンは多い

石塚　いや、サイバーショットじゃないんですけど（笑）。

——あれ？

石塚　97年から出した「デジタルマビカ」というシリーズがあるんです。その初代機のＭＶＣ－ＦＤ５とＦＤ７。

——あっ、これ、ありましたね。３・５インチのフロッピーディスクに記録するやつですよね？　当時自分はパソコン誌「日経クリック」の編集をやっていて、これを見て、でかいわ、ごついわで「なんてダサいんだ」と……ごめんなさい。

石塚　いえいえ（笑）。その通りだと思います。

——これ、売れたんですか。

MVC-FD7（1997年7月）　フロッピーにデジタル画像を記録する「デジタルマビカ」。FD7は光学10倍ズームレンズ付き。撮って、フロッピーを出して、パソコンに差せばすぐ見られる、という使い勝手の良さから世界中で大ヒットを飛ばす

石塚　めちゃめちゃ売れました。

——正直、すごく意外です。でかいし、重いし、ダサ……すみません。

石塚　96年の10月ぐらいだったかな、当時の上司が「3・5インチのフロッピーを使ったカメラをつくってよ」と、僕と僕の相棒に言ってきたんです。「出そうよ、とにかく早く出そうよ、なぜかって？　だって誰でもつくれるんだから」と。

——誰でもできるようなものなんですか？

ダサいデジタルマビカはなぜ売れた

石塚　「その辺に売っているパソコン用のフロッピーディスクドライブを買ってきて、

若い方はご存じないであろうフロッピーディスク（3.5インチ）。記録容量はなんと1枚で1.44メガバイト（メガです。ギガじゃありません！ 1メガは1ギガの1/1024）。中央にあるのはラベルで、これに内容を書いてフロッピーに貼っておくのです

それにビデオカメラ用のレンズとイメージセンサーと電池をくっつけたら、カメラになっちゃうじゃないか。誰かが出す前に、さっさとつくってよ」てな感じで。とにかくよそより先に出さないと意味がないと急かされて、半年とちょっとでつくって、97年の夏に売り出して、大ヒットしました。

　フロッピーはパソコン用、バッテリーは、私はパーソナルビデオ事業部で、８ミリハンディカムの設計をやっていたので、そこからみんな持ってきて。ＦＤ７の光学10倍ズームもハンディカムの流用です。とにかくありものを組み合わせたので、早く出せたけれど、外観はおっしゃる通り厚ぼったくてぼてっとして、日本人にはウケない。

――ですよね。

石塚　だけど、米国でバカ売れしたんですよ。特に10倍ズームのＦＤ７が。

――どうしてそんなに売れたんでしょう。

石塚　デジタルマビカが何に使われたかって、業務用だったんです、例えば、自動車の保険会社さんとか不動産屋さんとか、写真が必要な仕事ってあるじゃないですか。もちろん、当時もデジカメはたくさん出ていたんですが、ほとんどの機種は内蔵メモリーに記録して、パソコンにケーブルで接続して読み出していましたよね。

――そうそう、そうでした！　しかも専用ソフトが必要だったりしました。

「撮ってすぐ使える」とビジネスユーザーに大受け

石塚　ところが、デジタルマビカはフロッピーディスク記録で、当時のパソコンはフロッピーディスクドライブがほぼ標準装備だった。だからデジタルマビカなら、撮って、フロッピーを抜いて、パソコンに差し込めばいい。画像データも標準的なＪＰＥＧ形式だから、専用ソフトは不要でダブルクリックすれば開ける。徹底的にシンプルなコンセプトが、「仕事で使う」人たちに受けて、成功したんです。

――なるほど。とにかくデータのハンドリングが楽で、画質も仕事なら十分で。

石塚　そうそう。ものすごく儲かって。これに味をしめて、2号機はちゃんとまじめにデジタルマビカ専用のフロッピーディスクドライブも開発したんですよ。

――まじめに……と言いますと。

石塚　初号機はドライブが流用品だったので、書き込みが遅いし、分厚かった。そこで某メーカーと組んで、倍速化と薄型化を。

――そういえばシャッターを切ると、ジコジコとのんびりフロッピーに書き込んでましたね。そもそもフロッピーって、書き込みも読み出しも遅くて。

石塚　ＦＤ７の画素数は41万（有効38万）で、解像度はＶＧＡ（６４０×４８０ピクセル）、ファイルサイズも、大きくてせいぜい１００キロバイト前後だからこそ、フロッピーディスク記録が成り立ったわけです。フロッピー1枚にかろうじて20枚程度でしたか。「せめてフィルム1本分くらいは記録できるようにしよう」と、圧縮率もそこそこ高くしてね。

――もはやこの辺も解説が必要そうですが、当時、カメラ用フィルム1本で撮れる写真の枚数は24～36枚が主流でした。

石塚　初代のデジタルマビカはとにかくやっつけでつくったので、カメラの性能としてはお世辞にもいいとは言えない。ストロボなんてもう、「光ればいいんだ」という感じだったんですね。だから、顔が白飛びする、赤目にもなる（網膜にストロボ光が反射する「赤目現象」）。クレームが来ると、今では考えられない対応ですが「そういうときは発光部にティッシュを張ってください」とか言ってね。

――調光機能がない。「光るンです」だったわけですか。

石塚　当時の我々は怖いもの知らずです。90年代のデジカメって、カメラの置き換えというよりは、パソコンのペリフェラル、周辺機器だったということもありますね。

――そうでした。カメラ雑誌じゃなくて、私がいたパソコン誌が取り上げるアイテム。

石塚　なので、特に米国で売るときは、カメラやハンディカムとかを売っている店じゃなくて、パソコン中心の「ＰＣデポ」とか「コンプＵＳＡ」とか、そういうところで主に売ろうとしていました。一方で、とにかく簡単なのが売りでしたから、万が一これで撮った画像ファイルが開けないパソコンがあったら大変。だから僕は世界中のパソコン店に行って、展示してあるパソコンに何気なく写真入りのフロッピーをぶち込んで、開くかどうか試していました。

――うわ（笑）。でもＪＰＥＧ形式で記録しても開けない可能性ってあったんですか。

石塚　うん、簡単につくれると言いましたけれども、一応、うちのエンジニアが小さなＯＳを作って、ＭＳ-ＤＯＳでもＷｉｎｄｏｗｓでもＭａｃでもちゃんと開けるようなＪＰＥＧ形式で記録していたんです。でも、例外が発生する可能性は潰せないので、地道にテストしていました。

「ソニーのデジカメ」を世界に印象づけた

――しかし、言われてみれば当時の環境だったら「フロッピーディスク記録のデジカメ」というのは〝冴えたやりかた〟でしたね。マネするところが出てきてもおかしくなさそうです。

石塚　１つエピソードを言うと、某カメラメーカーの方にずっと後になってから聞いたら、「実はうちも開発していた」と。ところが、ソニーが出しちゃったものだから、二番煎じになっちゃうとよろしくないというのでやめたらしいんです。「あっという間につくって出した」のは正しかった、ということですね。

——上司の方の考えはまさにその通り、大正解だった。

石塚　と、デジタルマビカはデジカメとしての性能はほどほどでしたが、汎用性、使い勝手に集中したことで、米国と欧州で大ヒットして。

——海外市場で「デジカメと言えばソニー」というイメージをつくったと。

石塚　いや、それは言い過ぎですね。一般ユーザー向けよりも業務用として売れましたし、売れた地域も申し上げた通りばらつきがありましたから。ただ、「ソニーのデジカメ」についての一定の存在感を市場に確立したのは確かです。

——なるほど。

「いかにもソニー」なサイバーショットF1は海外では売れず

石塚　その後、2号機ぐらいまでは売れたかな。ご存じの通りデジカメが高画素化して、データサイズが大きくなるとフロッピーディスクでは記録できなくなって、8センチCD－Rに記録するモデルを出すんですが、最大の特徴である、データのハンドリングの良さを失って、表舞台から消えていくんです。

——さっき先走りましたけれど、私には「ソニーのデジカメ」と言えば、サイバーショット初号機、Ｆ１のイメージが強いんです。あちらはどうだったんでしょう。

石塚　Ｆ１は私は関わっていませんでした。コンセプトは回転レンズに代表されるように、フィルムカメラでは絶対できない、「撮る、見る、飛ばす」を実現しようというものです。デジタルで撮って、液晶で見て、飛ばすというのはＩｒＤＡ（赤外線通信）のことで、パソコン、そしてプリンターに送ることもできました。

——めっちゃ未来的、いかにもソニー。

石塚　とてもとんがった商品で、話題になったんですけれども、これはあんまり売れなかったのです。

——どうしてでしょう。

石塚　売れなかった理由は、記録メモリーが内蔵式だったこと、そして電池が持たなくて、「サイバーちょっと」と言われていたんですよね（笑）。

——そういえば当時そんなあだ名も聞いたかもしれない。

石塚　さらにビジネス的なことを言うと、材料費がものすごく高くて。

——販売価格が9万円くらいでしたっけ、けっこう高級機でしたよね。

石塚　それでも逆ざやだったかもしれません。あまりうまくいかなかった。

――すみません。実はＦ１って大ヒット商品だと思っていましたが。

日本と海外で評価ポイントが逆

石塚　日本では売れました。ですが、海外では全然売れなかった。電池の持ちもありますが、ＩｒＤＡが普及していなくて、ケーブルだと当時はＲＳ－２３２Ｃで通信速度がすごく遅いんですよね。だから内蔵メモリーのデータをパソコンへ吸い出すのに時間がかかった。

――見た目は最高、機能もすごい、でも使い勝手が悪い。デジタルマビカの正反対ですね。

石塚　そう。日本で評価されるポイントと海外のそれとは逆だった、とも言えます。

――そういえば、サイバーショットＦ１のほうがデジタルマビカより先に出ていたわけですが、マビカを「サイバーショット」シリーズの中に入れなかったのはわざとですか。

石塚　うん、実はネーミングに内部の論争がありまして。

――ほうほう。

DSC-D700「サイバーショットプロ」（1998年10月）　光学5倍ズームを搭載し、カメラらしい外観を持つ

石塚　販売会社は「サイバーショットにしてほしい」と言っていましたね。「マビカなんか、売れなかったから印象が悪い」とか。でも当時の僕のボスがこだわって、「いや、デジタルマビカだ」と。フロッピーディスク記録というイメージを打ち出した「マビカ」は、逆にアセットになるはずだ、と考えていたようです。

——なるほど。

石塚　それからもう1つ「サイバーショットプロ」というシリーズが出ます。DSC－D700。業務用っぽいカメラです。

ファインダーはプリズムが入っていて、見た目も一眼っぽいやつなんですけれども。これはこれでまた別の、業務用の機材をつ

DSC-MD1（1997年12月）　MDの大容量を生かし、最大365枚の画像と40分の音声を記録できた。MDレコーダーとしての使用も可能

くっていた厚木の部隊が開発しました。これも材料費が高いわりには全然売れなくて。

――いろいろな背景を持つチームがそれぞれ自分の得意技でデジカメを出していたわけですか。そういえば、音楽用のＭＤ（ミニディスク）が使えるサイバーショットもありませんでしたか。

石塚　ＤＳＣ－ＭＤ１ですね。Ｆ１と同じ部隊が開発しました。

――当時としてはＭＤは大容量メディアだし、面白い試みです。一方で戦線がぜんぜん整理されていない印象があるのも、デジカメ草創期ならではでしょうか。やりたい人がやりたい仕事をやる、というのもメーカーにとって一つの理想のような気もするんですけれど、特に当時のソニーは、まだまだこういう「やりたい放題」が似合う会社でしたよね。

石塚　確かに、このあたりはソニーらしいっちゃらしいんです。けれどもだいたい一発屋で失敗して終わるという。ＭＤを使うカメラも１号機が出て、あとが続きませんでした。

さすがに上層部が「お前らいいかげんにしろ、１カ所でやれ」と言い出し、デジタルマビカが一番成功していたのでそこに統合されたわけです。当時はやりたい人がやりたいようにやっていたんだけれども、採算をちゃんと考えなかったり、品質が悪かったり、一言で言えばバランスが非常に悪かった。

――そんな中で目立ったヒットがデジタルマビカだった。１つ質問いいですか。

こだわり・わりきり・おもいきり

石塚　はい、どうぞ。

――出来合いのものをがっちゃんこしてつくったそのデジタルマビカですが、石塚さんにこれをやらせたボスの方は、どうしてこれをつくりたかったんでしょう？「俺が使いたいものが欲しい」みたいな感じだったんでしょうか。

石塚　「自分が使いたい」と「売れるもの」でしたね。事業部長をやって、役員、副会長をやったNさんという、ちょっと変わったおじさんなんですけれども。

——……石塚さんに「変わったおじさん」と言われる人なんですね。

石塚　商品企画を考えるのが得意な人で、僕も好きで自分でもやっていましたけれども、この人に教えられたところもあります。Nさんはシンプルなものが好きなんですね。どういうことかというと、要するに「セールストークは簡単なほうがいい」と。シンプル・イズ・ベストということで、だから、ケーブルなんか絶対に付けるな、専用ソフトは同梱するな、そこにこだわれ、とね。

——そうか、シンプルさは手抜きどころか、売る側が手間を惜しむと実現できないんだ。

石塚　そうそう。これは余談だけれど、社内で僕がこの15年ぐらい言っているフィロソフィーがあって、「こだわり・わりきり・おもいきり」というんです。だから、こだわるところにはこだわるけれども、それ以外の余分な要素は切り捨てて、割り切れ。決めたら、思いきりやれ、という。それは最初のヒットになった、デジタルマビカで学んだ教訓なのかもしれません。

――おお。すごく含蓄があるんですね、このデジタルカメラに。

石塚　だから、さっきのご質問への回答を改めて言うと、上司の気持ちは「使い勝手にこだわったデジカメを性能は割り切って思いきり急いでつくる」ということになるかもしれないですね。まずフロッピーディスクってお手軽じゃないですか。当時は、コンビニに行って小銭で買えた。どこでも買えてしかも安い。当時、他のリムーバブルメディアってすごく高かったですよね。そしてカメラ本体も、大きくて武骨でとんがったことはできないけれど、どこをどうすればどうなるかがすごく分かりやすい。そして、パソコンとの親和性も最高だと。

――なるほど、どこをとっても手軽で、分かりやすく、使いやすい。

石塚　米国向けのセールスマニュアルには「Ｅａｓｙ」という言葉がたくさん入っていましたよ。説明書を読まなくてもすぐ使えちゃうというね。

――使いやすさにこだわり、デザインや機能は割り切り、イージーを思いきり全面展開して売る、という。外部の人間である私は「他がやらないことや見た目にこだわって、でも使いにくくて壊れやすい」のがソニーらしさ、くらいに思っていましたが。

石塚　（苦笑して）それだとビジネスとしては続かない。デジタルマビカは既存技術の寄せ集めといえば寄せ集め。でも結局、フロッピーディスク記録のデジタルカメラでビジネスができたのは、ソニーだけだったわけです。

世界初や独自性に「新技術」は必須じゃない

――確かに。そう言われてみれば、カセットテープのウォークマンもそういう、既存品のがっちゃんこプロダクトですね。でも「誰もやらないこと」だし、投資額もきっとたいしたことはなかった、でしょうね。

石塚　だと思います。

――「誰もやらないこと」を実現するのがソニーらしさだとすれば、このデジタルマビカは「誰もやったことがないほど分かりやすいものを世界で初めて出した」、ソニーらしいデジタルカメラ、ということですか。なるほど。

石塚　違う言い方をするなら、誰もやらないこと、世界で初めてのことをやるためには、「新技術」だけがその方法ではない、ということですね。

無論、新技術を用いた世界初、というのは技術者としてとてもいい手段、目標だと思います。でも、それにはお金も時間もかかる。そして、儲けることと両立しないと、やりたいこともできなくなってしまうわけです。技術者は自分の好きなことを続けるために、ちゃんと儲けることも考えねばならない。

——比べるのも申し訳ありませんが、本もそうなんです。好きなものを作るだけなら楽ですが、売れないと次が出せないから、「好きなものをどう見せれば売れるのか」を、毎回うんうん考えるという。

石塚　それで、売れることだけをつい考えちゃったりしません？

——しますします（笑）。

石塚　そうなると本末転倒で。だから「人のやらない、やりたいこと」と「売れること、儲かること」のせめぎ合いを常に強いられるんですよね。

——その辺の苦しさと面白さを、これからお話ししていただければと思います。

COLUMN

石塚茂樹氏略歴

1958年	11月	千葉県生まれ
1981年	3月	東京大学 工学部 電気工学科 卒業
1981年	4月	ソニー 入社
1985~86年		カリフォルニア大学 サンディエゴ校大学院 留学(1年間)
1999年	4月	パーソナルITネットワークカンパニー パーソナルビデオカンパニー パーソナルビデオ2部 統括部長
2001年	4月	モーバイルネットワークカンパニー パーソナルイメージングカンパニー プレジデント
2004年	8月	ソニーイーエムシーエス(生産事業所) 執行役員常務
2006年	11月	デジタルイメージング事業本部 本部長
2007年	6月	ソニー 業務執行役員 SVP
2009年	6月	コンスーマープロダクツ&デバイスグループ デバイスソリューション事業本部長
2012年	4月	(兼)デジタルイメージング事業本部長
2015年	4月	ソニー 執行役 EVP イメージング・プロダクツ&ソリューション事業担当
2017年	4月	ソニーイメージングプロダクツ&ソリューションズ 代表取締役社長
2018年	4月	ソニー モバイル・コミュニケーション事業担当 ストレージメディア事業担当
2018年	6月	ソニー 専務
2019年	4月	エレクトロニクス・プロダクツ&ソリューション事業担当
2020年	4月	ソニーエレクトロニクス 代表取締役社長 兼 CEO
2020年	6月	ソニー 代表執行役 副会長
2020年	6月	一般社団法人 電子情報技術産業協会 代表理事 会長 (1年間)
2021年	4月	ソニーグループ 代表執行役 副会長
2021年	5月	一般社団法人 カメラ映像機器工業会 代表理事 会長(2年間)
2022年	6月	ソニーグループ 副会長
2023年	3月31日	ソニーグループを退社

第2章

大ヒットと大炎上をデジカメ「P1」で味わう

ヒットしたけれど後で苦労した「Ｐ１」と会心のデジカメになった「Ｔ１」

——ソニーのデジタルカメラを世界に広げたのは、フロッピーディスク記録の「デジタルマビカ」だったというのは意外でした。海外では振るわなかったものの、国内では支持された初代サイバーショットの「ＤＳＣ－Ｆ１」は、その後強化が図られましたね。

メモリースティック登場

石塚　Ｆ１は海外では、電池が持たないこと、内蔵メモリーしかないので、パソコンに画像データを転送するのに時間がかかること、もう一つ、回転レンズで自撮りができるのが大きな特徴だったのですが、単焦点なので、ズームができないのが弱点でした。Ｆシリーズはマイナーチェンジを重ねつつ、記録メディア「メモリースティック」を搭載し、バッテリー容量を増やした「ＤＳＣ－Ｆ55Ｋ」で、仕切り直しを図りました。

DSC-F55K（1999年4月）　電池の持ち、パソコンへの転送が面倒、といったDSC-F1の欠点を解消したモデル。ソニーが開発した記録メディア「メモリースティック」（写真右側）を初めて搭載したデジカメでもある

――そうだ、メモリースティックがこの頃登場するんですね。当時のデジカメ用の記録メディアとしては、東芝が始めたスマートメディア、そしてコンパクトフラッシュがありました。

石塚　現場はスマートメディアを使おうと言っていたんですけれど、うちの上層部はまた……。

――また？

石塚　「人のやらないことをやるのが、ソニーだ」みたいな感じで、軍門に下るなとか、自分たちでやれとか。それでメモリースティックの採用ということに。それ自体は正しいと思うんですけれど、ね。

全社横断組織の「メモリースティック事

業センター」が設立されて、僕もメンバーになったんですが、これもまた大変でした。カメラで撮ってメモリースティックに記録しても「相手」がいないとどうしようもないわけです。そこで、パソコンにつなぐアダプターやリーダーを作ったり、フォトフレームを作ったり、プリンターに入れたりと、いろいろな「相手」を開発したんです。でも後々、メモリースティックはサイバーショットにとって足かせになるんですね。ソニーしかやっていないから。

――結局、ファミリーができなかったんでしたっけ。

石塚　大きなファミリーはできませんでした。

――それはつらい。規格競争はソニーにとって、どうも鬼門の印象があります。

どうして仲間づくりがうまくないのか

石塚　うん、僕がソニーのビデオテレビ事業部（ベータマックスの事業担当）に入社した時期（１９８１年）って、ベータマックス対ＶＨＳの競争が盛んだった頃なんですね。

――ベータのソニー対ＶＨＳの松下電器産業・日本ビクター（現パナソニック・ＪＶＣケ

ンウッド）、家庭用ビデオデッキの規格争い。１９８４年ごろにベータの敗色が濃厚になってきて、最終モデル（ＳＬ－２００Ｄ）の発売が93年ですから、この頃は完全に決着がついてますね。

石塚　なのに、また似たようなことをやっているという思いはありました。あくまで個人的な感想ですが……。のちに、シェアを伸ばしてきた後発の「ＳＤカード」に対抗すべく、「メモリースティックＤｕｏ」という小さいやつを作るんですけれども、それでもやっぱりそこが足かせになって、デジカメのシェアが伸び悩みました。

僕は、２０００年代の後半だったかな、ひそかにプロジェクトを興して、ソニーのデジカメにＳＤカードと、メモリースティックＤｕｏ、両方が挿さるようにしたんですよ。そこからシェアがぐっと伸びたんです。

――ユーザーは素直に反応するんですね。それにしても、ファミリーづくりがうまくないのはなぜなんでしょう。

石塚　「マネをしない」「人のやらないことをやる」という企業カルチャーは、独自性によって商品を差異化するには大きなプラスでした。一方で、独自性をビジネス面や顧客価値・満足度とどうバランスを取るか、が、常にマネジメントのテーマになっていたのだと思い

DSC-F505K（1999年9月）　有効211万画素、焦点距離38-190mm（F2.8-3.3）の光学5倍ズームレンズを搭載。レンズ部が回転するが自撮りはできない

ます。前章の「こだわり・わりきり・おもいきり」に通じるものがありますね。

――確かに。そう考えると、現場よりマネジメントのほうが「独自性」にこだわりすぎて、割り切れなかった、ということが一因だったのかもしれませんね。

石塚　なんだかずいぶん余談が長くなっちゃいましたが（笑）、Ｆ55Ｋはそこそこ売れました。次はＦ５０５Ｋに行きましょう。99年発売です。これ、覚えていますか。

――もちろんです、一度見たら忘れられません。レンズが主役で本体がそこにくっついたかのような思い切った外観です。でも型番からいくと、Ｆ55Ｋと同じＦシリーズなんですね。

石塚　そう。Ｆ１の特徴である自撮りができる回転レンズだと、ズームレンズが入らないというお話は前回しましたね。そこで「とにかくズーム付きと、回転レンズを両立させるとどうなるのか」を試みた製品です。デザイナーは、Ｆ１、そしてテレビの「プロフィールスター」ってご記憶ありますかね、あれをつくった、様々な製品の初号機を担当されたＳさんという方です。伝説のデザイナー。

「Ｆ１のコンセプトで、ズーム搭載機」で生まれた異色のデザイン

石塚　僕らは当時、社内の中期計画を考える際に、こんなのあったらいいな、欲しいなというデザインとかモックアップ(実物大模型)を、デザイナーと一緒に考えるんですね。「中身が実現できるかどうかはさておき、こんなのあったらいいよね」という。Ｓさんに「Ｆ１のコンセプトで、ズームレンズ搭載機」をお願いしたところ、このデザインが生まれた。ですが本当はレンズがもっと、この写真より全然小さかったんですよ。「よし、やろう」となったんだけれども、結局、エンジニアが設計したら、レンズ部が茶筒みたいに、すごくでかくなっちゃって。

——茶筒、なるほど（笑）。そうだったんですね、もともとレンズが主役のデザイン、というわけでもなかったんですか。

石塚　うん。だけど、逆にここまでレンズがでかいんだったら、ボディを握るんじゃなくて、レンズを持って、右手でボディを回転させるようにしようということになって。そうそう、このキャビネット（筐体《きょうたい》）もプラスチックじゃなくて、金属を多用して質感が高かった。機能面でも光学5倍ズーム搭載で。最初のモックとは違うけれど、非常にいいモデルができて、私もずいぶん長い間、子供の成長記録とかサッカーの撮影をこれでやっていました。

——ふと思ったのですが、このデザインが後で出てくるミラーレスの「ＮＥＸ」シリーズに影響している、ということはありませんか。

石塚　それはないと思いますよ。でも、今までにない斬新なデザインを目指したところは共通していますね。

——レンズの上の出っ張りは、ストロボですよね。

石塚　はい、ポップアップします。Ｆ５０５Ｋのストロボの位置は、本音を言えば小さなボディには置き場がなく、レンズの上に置くしかなかったのです。それにボディに付けても巨大なレンズに光がケラレて被写体に届かないですし。

――なるほど！　さて、このＦ５０５Ｋは売れたんでしょうか。

石塚　高価なモデルなのですが、これは売れました。社内の「ヒットモデル大賞」を頂きましたね。（編注：この賞の評価基準は台数だけではなく、シェア、売り上げ、利益、ブランド向上など総合的に採点される、とのこと）

ビッグヒットが使命のエースナンバー「1」を背負う

石塚　そして、00年に「ＤＳＣ－Ｐ１」が出ます。これは自分にとって忘れられない思い出があるデジカメです。

１９９８年に、僕がいたデジタルマビカと他のデジカメ開発部隊が一緒になった。そこで開発を率いる立場（パーソナルビデオカンパニー　パーソナルビデオ2部　担当部長）になった僕は「とにかくヒットモデルをつくろう」と、このＰ１に取り組んだんです。

――一発、大きく当てることを最初から狙ったモデル。

石塚　ええ、サイバーショットでは「ヒットモデルプロジェクト」を何年かごとに発動しています。開発のリソースを集中して、新規の専用デバイスを起こしていくんですね。その際にはモデル名に〝1〟というエースナンバーを付けて気合を入れるのが我々の伝統です。

――おー、ベータマックスにも「F1」がありましたし、最近だとミラーレス一眼の「α1」とかですね。

石塚　そうそう。

――商品力をぐっと上げる専用のデバイスを新規開発して、宣伝広告にも力を入れてヒットを狙う。毎年やると大変だけど、大きく当てればそのマイナーチェンジでしばらく稼げる。その間に次を仕込む。そんな感じですか。

石塚　そうです。そして自分が手掛ける製品としては、P1がその1回目でした。レンズを新規で起こしたり、それから、液晶も小さな1・5型という、すごく小さいのをつくったりしたんですね。

――責任重大なマウンドに初めて立った。それにしても1・5型のディスプレイというと横幅約3センチ強というところでしょうか。本体がこれだけ小さければ無理もないですね。

そして、デザインがこれまでとガラッと変わりました。

DSC-P1（2000年10月）　小型ながら3倍光学ズーム、当時としては高画素・高画質、そしてメモリースティック搭載と機能に妥協がなく、大ヒットとなった

石塚　どうしてこんなに横長かという話をすると、大前提として「よそのカメラと違うデザインにしよう」という意図がありました。そしてとにかく小さくしたい。違うデザインと小ささを両立するために、背を低くしたい。

我々はメモリースティックをメディアとして使うわけですが、そこが一つの切り口になるわけです。コンパクトフラッシュやスマートメディアは形状が正方形に近く、一辺が長いので、Ｐ１の背の低さに対抗できない。横にして入れたら分厚くなっちゃいますしね。そこで、とにかく押しつぶして横長にしたんです。メモリースティックは横長なので。

——物理的にマネできない形にしちゃえ、ということですね。ちなみに、メモリースティックのライバルとなる〝背の低い〟SDカード（SDメモリーカード）の発売は２０００年第２四半期からでした。

「ソニーさん、それやったらご法度です」

石塚　ということでＰ１は横長になった。そうすると、結果的にストロボと光学ファインダーが横に並んでしまいました。これがまた、後にカメラメーカーさんから「ソニーさん、これはご法度です」と、言われてしまうことになるんです。

——どうしてご法度なんですか。

石塚　カメラメーカーさんの常識から見ると許せないのは、まずファインダーというのは本来、レンズの光軸と合ってないといけないんです。だから、普通はレンズの真上かちょっとだけ斜め上にあるんですよ。横に置くと、撮れる画像とファインダーから見える視野が変わっちゃうから。

——ああ、今でも本体の横に出せる「バリアングル液晶」にダメ出しする方は多いですね。

あれと同じ理由ですね。

石塚　あと、ストロボの位置もレンズの光軸上にあるべきだと。レンズの横でストロボを使うと、横からライトが当たったことになっちゃうんですよ。

――だから本来はレンズの上、一眼レフならペンタプリズムがある軍艦部にストロボがないといけない。でも、場所がないから横に並べちゃったと。

石塚　そうそう。理屈はその通りなんですよ。禁じ手をやってしまったと。だけど、当時の僕、そして我々というのは「とにかく人と違うものをやる」と。「やっちゃえ、ソニー」みたいな感じで。

――やっちゃえ、ソニー（笑）。

石塚　それで、やっちゃうわけです（笑）。結果はどうかというと、Ｐ１は世界中で大ヒットしました。

――カメラの常識は障害にならなかったわけですね。当時の主力機、サイバーショットのSシリーズの最上位機種であるS70と同等の性能（３３４万画素で光学3倍ズーム搭載）を持ちながら、Ｐ１は圧倒的にコンパクト。これは売れるわけです。

石塚　そうなんです。そして大ヒットしたが故に、僕は自分史上最大の試練に直面することになるわけですが。

――それはどういう……。

石塚　どういうって、編集Ｙさんのいる「日経ビジネス」のおかげですよ（笑）。

――ええと？

バッテリー関連の不具合で大クレーム発生

石塚　Ｐ１はバッテリー関連のトラブルを起こしました。それがきっかけで、日経ビジネスの「１万人アフターサービス調査」（２００３年3月10日号）で、ソニーが前年の１位から最下位に転落するんです。

――そんなことがありましたか。どうして急落したんですか？

石塚　今だから言えるんですが、Ｐ１のバッテリーは、自分も関わった「Ｒｕｖｉ（ルヴィ）」という乾電池2本で動作するビデオカメラ用に開発したものでした。Ｒｕｖｉは全然売れませんでしたが、乾電池2本サイズとコンパチのバッテリーは、Ｐ１にもってこいで、これ幸いと採用したんです。

――なるほど。ありそうなお話です。

石塚　でも、ビデオカメラとデジカメとでは用途がまったく違うんですよ。

――と言いますと。

石塚　ビデオカメラは、運動会とかイベントの際に引っ張り出されるけれど、デジカメは日常的に使われますよね。デイリーユースの商品に使うには、このバッテリーは耐久性が足りなかった。具体的には、冬に寒くなって電池の化学反応が鈍くなると、所期の性能が出なくなる。ところが、Ｒｕｖｉは売れなかったし、使われ方もデイリーユースとまでは残念ながらいかなかったのでしょう、クレームも上がってこなかった。

――なるほど。ところが、Ｐ１は大ヒットしたし、日常的に使われるから。

石塚　そうです。02年の冬になって大クレームが来ました。当時「２ちゃんねる」でいくつもスレッドが立つ大炎上になりました。もしかしたら初めて「ネットで炎上」した電機製品かもしれません。なので、我々にも経験知や免疫がまだなかった。

日経ビジネスでそれが取り上げられ、最終的には（全世界で）無償点検・サービスを実施することになりました。詳しく調査すると、バッテリーだけでなく、Ｐ１本体の消費電力やソフトウエア、充電アダプターなど複合的な原因が分かりました。自分のソニー人生最大の試練でしたし、そこから学ばせていただくことが、ものすごく多かった体験となりました。

ヒットモデルが出た、次はブランドシェアだ！

――Fシリーズでヒットが出て、大きなトラブルはあったけれどPシリーズでトップシェアと、ソニーのデジカメはヒット連発になってきたわけですね。

石塚　だけどその一方で、とにかく何かやったらナンバーワンにならなきゃ許してもらえない、みたいな風潮も社内に出てくるんです。何がと言ったら、つまるところ「市場シェアナンバーワン」なんですけれども、単独モデルでナンバーワンになるか、メーカーシェアかで。

――機種名か、ソニーのブランドか、ですね。

石塚　両方あるんですけれども、だいたい褒められるのは単独モデルですよ。

――分かりやすいですからね。

石塚　うん。だから、Ｐ１で一応１番になった。でも、単独で取った後、欲しくなるのは

DSC-P2（2002年6月）　本体カラーは6色が用意され、さらにECサイト「ソニースタイル」限定のブラックモデルも。型番は「2」だが、実はPシリーズとしては10代目

ブランドシェアのナンバーワン。そうすると、ラインナップを増やそうとするんです。そこからだんだん、だんだん……ちょっとまたいろいろな紆余曲折があるんですけれども。

まあ、ともかく、ラインナップを増やして、いろいろ出していくわけです、このあたりから。だいたい「カラバリ（カラーバリエーション）をやるとそのカテゴリーは終わり」だって社内で言われていて。でも、まさにそれを「DSC－P2」（02年）でやっていたんです。

――確かに王道カラバリ路線ですね。ところで、P2はシリーズ10代目ですよね。型番の付け方ってどうなっているんですか。

石塚　モデル名を付けるときに最初に「1」を付けると、後継機は奇数番号を振ることが多いです。なのでP1の次が「P3」「P5」となるのですね。「7」はマジックナンバーで特別扱いしています。そして、奇数が埋まると偶数に行く。

——なるほど！

デジカメをいつでもどこでも「ハワイプロジェクト」

石塚　他にも超小型の「DSC－U10」、防水モデルの「DSC－U60」と、だんだん際物になってきて。

——いやいや。百花《ひゃっか》繚乱《りょうらん》と言いましょう。自分が今も持っている、U10のお話を聞かせていただけますか？

石塚　はい、これはニックネームを「スシ」と言ってましたけれども、当初は「ハワイプロジェクト」という企画から生まれたんです。

——ハワイ？　何でハワイなんですか。

石塚　企画が生まれたのは00年の中期計画です。シドニーオリンピック（00年9月15日〜

10月1日）のあった年ですね。

――ヤワラちゃん（田村亮子選手・柔道48キロで優勝）が「最高で金。最低でも金」って言っていた頃か。懐かしい。

石塚　本当に時代を感じるんだけれども、当時は、銀塩（フィルム）カメラの市場をデジタルカメラの市場がまさに抜こうとしていたんですよ。そんなタイミングなので、市場をさらに広げるには何が必要か。それには「どこにでも持ち歩けて、いつでも撮れる」デジカメが必要なんじゃないか。そうすると、なるべく小さい、アクセサリーのように身に着けられるカメラが欲しいよね、と。

――持っていることを意識しないくらい小型軽量の。

石塚　そうそう。例えばハワイに旅行に行って、ビーチでも撮れるカメラ。

――それでハワイプロジェクトなんですか。なるほど、「撮るぞ」とデジカメを持っていくんじゃなくて、普通に、日常の中に、身の回りに自然にあるカメラ。……って、それ、まさに今のスマホじゃないですか。いやはや。

石塚　当時の企画書では、ペンダント型とか、スパイカメラみたいな「存在感がない」ものが答えだとしていましたね。当然、防水で。これはあくまで企画なので実現はしませんでしたが、コンセプトには、安くて、単焦点でも単3アルカリ電池1本で超スタミナとか、できもしないことをいっぱい書いてあるんですけれども、これがだんだん現実化していくと、U10になっていくわけです。

——あれは単4乾電池2本ですよね。

石塚　1本だと電圧が足りないので2本直列になったんです。

——ころんとしてますが、塗装にパールがかかっていて、アクセサリーみたいな感じでかわいいんですよね。ネックストラップもあったはずです。そうか、いつも持ち歩いて愛着を感じるような仕掛けだったんですね。

石塚　そういうことです。

——場所を取らないということもありますが、まんまとソニーの作戦にハマって愛着が湧いて捨てられなくて「未練引き出し」に入れてありました。夏に石塚さんにお会いするときに、ソニーでデジカメをやっていた方だと聞いてお持ちしたら「スシじゃねえか！」と。

石塚　それがこのインタビューのきっかけになったわけだね（笑）。

——20年越しに生みの親に会えてこの子も満足でしょう。で、ハワイは分かりましたので、改めて「スシ」の由来を。

DSC-U10（2002年7月）　重量わずか87g。コンセプトは“ビジュアル ブックマーク”。
写真は編集Yの私物、電池はサイズ比較用で、駆動は単4乾電池2本です

石塚　当時、私がヨーロッパで発売前に社内プレゼンをやったとき、U10を胸ポケットから取り出したら、オランダの社員から「おいおい、それ、ＳＵＳＨＩか」と言われて、そこからみんなU10を「スシ、スシ」と言うようになったんですね。

――外国の方がそう言ったんですね。特に白モデル（シルキープラチナシルバー）だとシャリっぽいし。

石塚　そうそう。僕らはハワイと言っていたんだけれども。外国の人がスシと言うと、いかにもそれっぽいじゃないですか。

　と、僕たちがスシを握ったりしている間に、競合企業がヒットモデルを出すわけです。

――ゼロ年代初期のデジカメのヒットモデル、何だろう。

石塚　僕らが意識していたのは、カシオさんの「ＥＸＩＬＩＭ（エクシリム）」。

――ああ、ありました！　極薄の。

石塚　そう、カード型の薄いやつね。

――これと戦える機種をつくろうとされたわけですか。

「石塚のデジカメはごろんとしてかっこ悪いな」

石塚　うん、社内の半導体の事業部長で僕と仲のいい先輩の、Ｓさんという方がいまして。僕らのデジカメのイメージセンサー（撮像素子）を作ってくれる人で、いつも応援してくれて。そして彼の事業部はイメージセンサーを外販もしているわけですよ。

――ああ、つまり競合メーカーにも売っているから、他社の動向に詳しいわけで。

石塚　そうそう。その人がエクシリムを気に入っていてですね、「素晴らしい。それに比べて、石塚のデジタルカメラは分厚くてごろんとして、かっこ悪いな」と。すごく口の悪い人なのでそんなことを言うわけですよ。それで、僕もけんかを売られたみたいな感じだったから、「何だと、じゃあ、やってやろうじゃないか」と言って、つくったのが「DSC－T1」というわけです。

――分かりやすい（笑）。P1同様、〝1〟が付くということは、最初からヒットを狙うエース機ということですね。

石塚　そうです。エクシリムみたいに名刺サイズで薄いけれども、ちゃんと光学ズームも入っている、妥協のないものをつくろうと。そのために、たぶんソニーのサイバーショットで、一番リソースをかけたカメラですね。

――当時のエクシリムは薄かったけれど、まだ単焦点だったんですよね。ズーム搭載で差異化する。でもそのために専用部品が増えて、人手と予算がかかる。

石塚　とにかくあらゆる部品、キーデバイスを新規で社内で設計、製造しまして。光学3倍ズームは、僕らは〝潜望鏡〟と言ったけれども、折り曲げ式なんですね。前から光が入って、プリズムで90度折り曲げて、イメージセンサーが下に入っているんですよ。これのレンズを起こして、イメージセンサーも半導体の部隊が専用開発しています。

――前回伺ったP1も、大きなヒットを狙って専任部隊での新規開発だったとのことでしたが、T1はそれ以上にスペシャルだった、ということですか。

DSC-T1（2003年11月）　最薄部17.3ミリの胸ポケットに収まるボディに光学3倍ズームレンズを搭載し、液晶ディスプレイも2.5型と、機能・性能に妥協がなく、大人気となる

石塚　はい。今回も専任の開発部隊を切り出しました。T1しかやらないエンジニアをばーっと一気に集めて、レンズ、イメージセンサー、それから、バッテリー、液晶、LSIシステムも起こしたし、実装する多層基板も専用に起こしたりとか。ソフトウエアも全面的に新規開発でした。

――新規部品の比率とかは。

石塚　部品の60％は新規デバイスで、全部社内で開発。だから、主要な部品で他機種からの流用はほぼないですね。P1もレンズと液晶などは新規でしたが、お話しした通り電池は流用で、それが大クレームにつながってしまったわけです。

――そうだ、電池だ。T1ではどうされた

んですか。

石塚　電池はものすごく、必死でやりましたよ。T1のボディに収まる薄さの中に、消費電力に見合った電池容量を収めるために材料レベルから新規に開発しています。そして、実際の写真撮影環境、特に低温での耐久試験も繰り返し行いました。

「割り切る」ところは工夫もしよう

——P1での失敗経験がすごく生きているわけですね。

石塚　ただ、「妥協がない」と言いましたけれども、唯一、「割り切り」になったのは三脚用のネジ穴でした。

——これ、三脚用のネジ穴はないんでしたっけ。

石塚　付いていないんですよ。普通、カメラで三脚用ネジ穴がないカメラってないじゃないですか。

——確かに確かに。

石塚　すごく詰め込んだんだけれども、エンジニアが「石塚さん、入りません。どう転んでも入りません」と言うので、じゃあ、割り切ると。なぜならば、これは三脚に立てて撮るカメラじゃないからいいだろう、というのと、実はぎりぎり直置きでも立つんですよね。「そうはいっても」と、アクセサリーのチームが三脚に取り付けられるケースも作ってくれたりとかね（アクティブジャケットケース「ＡＪＫ・ＴＨＡ」、04年3月発売）。そうそう、「光学ファインダー（ＯＶＦ）も付けろ」と言う人たちもいたんですよ。

——なるほど。液晶は日差しがきつい屋外とかだと見えにくくなるから。

石塚　そうなんです。当時の液晶は屋外だとすごく見にくかったんですね。だから「ＯＶＦを外してもいいか」と言われると、うーん、と悩む。

——そうでしょうね。

石塚　ですので、Ｔ１にも最初はＯＶＦがあったんです。でも「とても入らないので取らせてください」と、担当者が泣きついてきた。

——そこは「割り切った」わけですね。仕方ないな、と。

石塚　ちょっと違って「ファインダーを割り切るなら代わりに何か持ってこい」って。

——わあ（笑）。

石塚　割り切るからには、代案を差し出せと（笑）。

――なるほど、すぱっと諦める「だけ」じゃないんですね。そういう言い方もあるのか。こう言われたら、「じゃあ何か考えなきゃ」という気持ちになるかもしれない。

石塚　担当は困ってブレストして、代わりに、当初は１・５型だった液晶のサイズを２・５型に大型化しますと。

――えっ、ＯＶＦ搭載より大変そうですが、そんなことが簡単にできるんですか？

石塚　スペース的には液晶を広げるほうがまだ楽です。そして、当社はハンディカム（ビデオカメラ）もやっていますから、他社にはない２・５型の液晶があった。これでどうでしょうと言ってきたので「いいじゃないか！」と。

――なるほど……。

石塚　しかも屋外撮影が多いビデオカメラ用に、「ハイブリッド液晶」という、普通の透過型と外光を反射する反射型の特徴を両方持った液晶があったんですね。そこで反射型と透過型のミックス比率をいろいろなタイプを組み合わせて作って、実際にフィールドテストをやりました。あんまり反射型の比率を高くしちゃうと暗いところで見えなくなっちゃうのでね。結果、ＯＶＦはないけれど、屋外での視認性が高い大きめの液晶を搭載できたわけです。

——よく分かりました。「割り切り」は、「もう考えなくていい」じゃなくて、「こうすれば必要がなくなる」ところまで考えてから割り切るのが正しいわけですね。

石塚　ということで、T1は非常によく売れました。

独自路線の行き詰まりが見えてくる

——これでめでたしめでたしと……。

石塚　なるわけないよね。この後、また、Pシリーズの、そしてTシリーズのなにがし、というのを何年にもわたってやるんだけれども、どこかで力尽きるわけですよ。

——えっ、そうなんですか?

石塚　考えてみると、この頃までは「ソニーならでは」とか、「フィルムカメラにできないことができるカメラ」にこだわっていたんです。もともとがカメラメーカーのデジカメは、デザインも含めて、「フィルムカメラのデジタル化」という感じでやってきたんですね。

——フィルムカメラにできないことをやる。そこが「ソニーらしさ」なのだと外野としては思っていたのですけれど。

石塚　僕らも最初は、新しいジャンルをつくるのだと考えていました。しかし、結局のところ、インダストリー、産業としては「いわゆるカメラ」の市場がでかい。

――レンズ交換式の、一眼レフのことですか。

石塚　それもありますし、レンズ一体型も含めた、普通のデザインのカメラ全般と思っていただければいいと思います。一体型の、いわゆる〝コンデジ〟ならば、沈動式レンズ（電源を切ると本体内にレンズ部が収納される）のデジカメ、とかですね。

――うーん。ソニーは、普通の売れ筋以外を積極的に開拓してきたけれど。

石塚　本格派をやらないとビジネスとしてこれ以上大きくするのは難しい。ならば、「やっぱりちゃんとしたカメラも手掛けよう」と、別の路線を加えていくことになります。

COLUMN

デジカメ用「イメージセンサー」の種類と大きさ

デジタルカメラの基本的な用語などを解説していこう。

まずは、デジタルカメラの性能に大きな影響を与えるイメージセンサー(撮像素子)。基本的にはサイズが大きければその分多くの光を取り込めるので、高画質が期待できる。

ただし、大きなイメージセンサーに釣り合う光を送り込むために、レンズは大きく、重くなる(詳しくは240ページ「イメージサークルとイメージセンサー」を参照)。カメラ本体も同様だ。また、サイズの小ささを回路の設計や画像処理エンジンの性能、あるいはレンズの設計でカバーする試みも行われており、一概にサイズだけで画質が決まるわけではない。

画質と使い勝手のバランスを取るために、イメージセンサーには様々なサイズがある。図で見てみよう。

●イメージセンサーのサイズ比較(ほぼ実寸大)

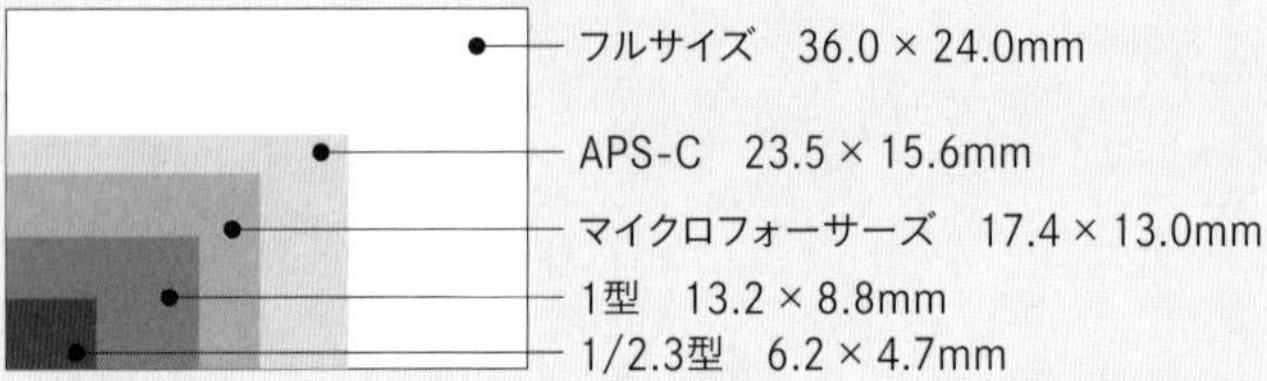

※サイズは一例で、メーカーによって微妙に異なる

1/2.3型は一般的なコンパクトデジカメでよく使われる。他と比較して小さく見えるが、スマホ、例えばアップルのiPhone14は1/3.6型で、それよりも一回り大きい。

1型は高級コンデジ、例えばソニーの「RX100」シリーズや、一部のハイエンドスマホ、ソニーならば「Xperia PRO-I」に搭載されている。

「マイクロフォーサーズ」以上のサイズのイメージセンサーは、主にレンズ交換式のカメラで採用されている。「フルサイズ」とは、フィルムの主流だった「35ミリフィルム」のサイズと同等、という意味。「APS-C」とは、1996年から2000年代初頭に販売された35ミリより一回り小さなフィルムの規格「Advanced Photo System-C」のサイズ。「マイクロフォーサーズ」については104ページを。

第3章

「普通ではいけない」ソニーを苦しめた自己イメージ

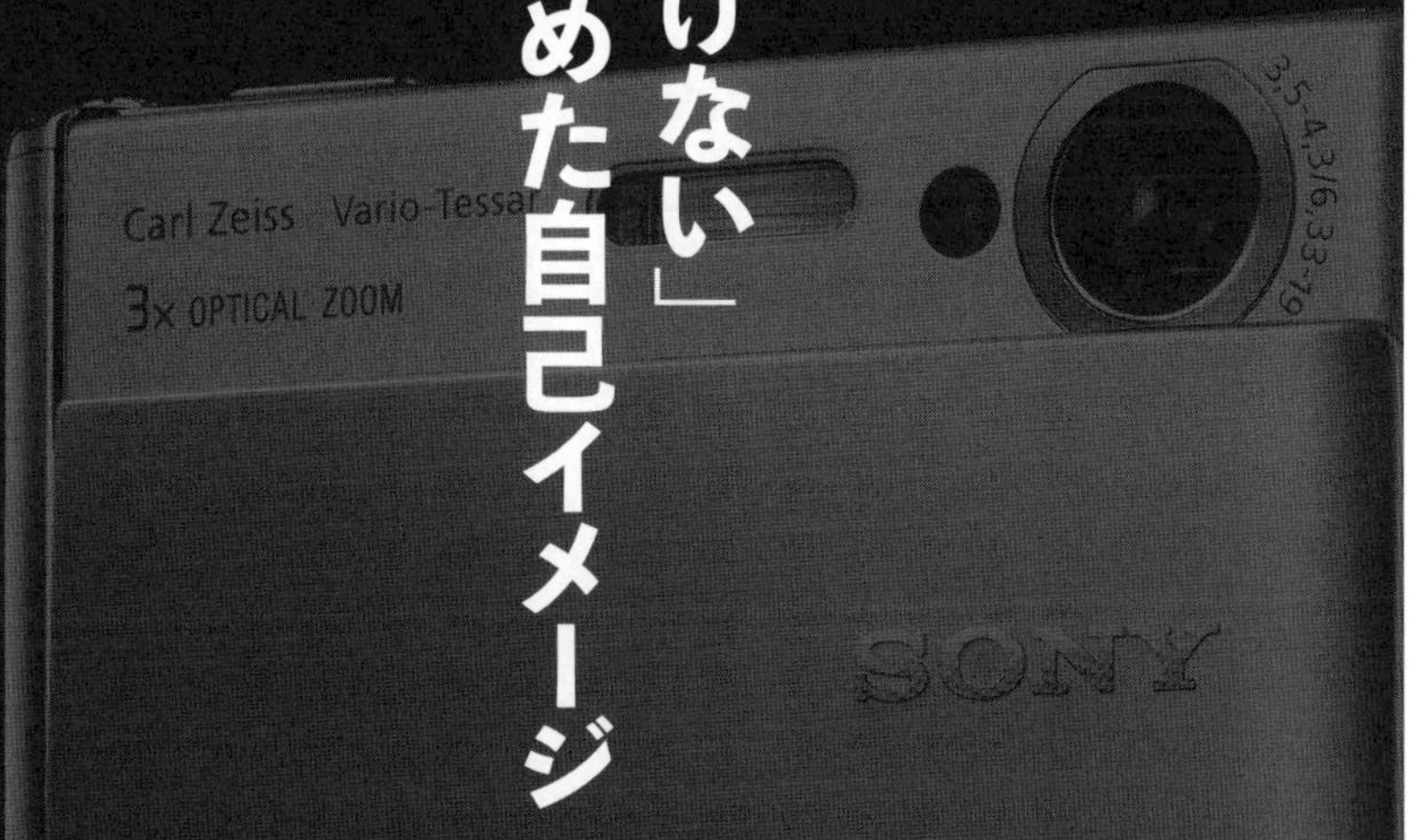

あなたは知っている？「いかにもソニー」な異色のデジカメたち

――ソニーのデジタルカメラは、フィルムカメラでは実現できない「新ジャンル」を目指していた。けれど、2002年ごろからだんだんと、いわゆる「カメラ」らしい、本格派というか、従来の写真機のスタイルを引き継ぐ市場の大きさも、意識するようになってきた、というお話でした。

石塚　それで、同じ頃にまじめなカメラもぼちぼちやり始めていました。いわゆる「電機屋のカメラ」じゃなくて、本当のカメラ。フォトグラフィー用のカメラというのもやらなきゃね、と。

――だけど、ソニーのそんな動きはそれほど認知はされていなかった？

石塚　というより、「ソニーは本格派に取り組むぞ」という意気込みが市場に伝わるほどには、我々が本腰を入れていなかった、ということだと思います。「やはり、ソニーには『ソニーのデジタルカメラ』らしい、普通のカメラとは違うものが求められているのだ」とい

DSC-F88（2004年6月）　Fシリーズの完成形。回転レンズについに光学ズームを搭載した

う考えから抜けることができなかった。そうであってほしい、いや、そうでなくてはならない、と。

――そういえば「ＤＳＣ‐Ｆ１」（１９９６年発売）のスタイルも長く引き継がれてきて、２００４年にはついにこのＦシリーズの決定版と言えそうな、「ＤＳＣ‐Ｆ88」が登場しました。

石塚　そうなんですけど、残念ながらこのＦ88はあんまり売れなかったんですね。

――ありゃ。

石塚　サイバーショットのＦシリーズは、薄型で回転レンズ、というデザインと機能が良かった。先にお話ししたＦ55Ｋでバッテリーの問題も解決した。けれども、ズームレンズが付いていないというのが、大きなウイークポイントになっていて。

――やっぱりズームは、販売競争に勝つには絶対に入れなきゃねと。

石塚　はい。これはヒットしたT1でも、P1でもそうでした。両機種ともズームレンズを搭載していました。単焦点レンズ、という「割り切り」は、それなりに大きくカメラの機能・用途を制限している。そこで、ついにF88で、Fシリーズに光学ズームを入れたモデルをつくりました。

――より薄いT1に、03年に光学3倍ズームを搭載しているわけですから、技術的には問題なく。

石塚　いやいや、裏話を言うと、回転レンズにズームを入れるのって結構大変なんです。T1は折り曲げ式の潜望鏡型のレンズで、本体の底面にイメージセンサーを配置しましたが、F88ではこれを横置きにして、この中（回転レンズ部）に入れました。

――レンズ部は基本的にはT1の流用ということですね。

石塚　そう。設計や部品は共用したんです。回転部にズームレンズを搭載することはできたんですが、いまいち、ちょっと厚くなったんですよね。やっぱりここのフォームファクターにズームを入れるのは結構大変だった。そして、この前の機種のF77でスリム化した大容量バッテリーができていましたので、電池の持ちの問題もなくなりました。

欠点解消！　ならば売れるか？

――Ｆ88はサイバーショット初代のＦ１の、単焦点、持たない電池、内蔵メモリー、という3大弱点を、光学ズーム搭載、大容量バッテリー、メモリースティック、で、すべて解消したわけですね。

石塚　そうなんですけれど、Ｆ１からここまで8年かかっちゃったんです。もちろんそこそこは売れましたが、「驚き」「感動」は、改善が徐々にしか進まなかったので、小さくなった。最初からすべてできていれば大ヒットしたかもしれませんけれど。

――うーん。待っている間に、さすがの「ソニーらしい」デザインも見慣れてしまって、新鮮味が薄れたことは否めません。

石塚　もともとこのシリーズは回転レンズのためにスペースを要するので、小型化には不利なんです。レンズが真ん中にある普通のカメラのフォルムが主流になる中で、今後もセンサーの拡大やズーム倍率の向上が続くとすれば、もうＦシリーズでは限界だろうということになり、このモデルが最後になりました。

――機能とスタイルの両立は難題ですね。

石塚　性能を割り切らないで「あれも、これも」といろいろやると、サイズ制限とデザインとのせめぎ合いの中で、どこか中途半端な感じになっちゃう。でも、求められる性能を切ってしまうと市場にそっぽを向かれます。

ヨン様登場、それでもイマイチ

石塚　見た目と、性能とのバランスですね。ソニー製品の持ち味、真骨頂は、「こんなに小さいのにこの性能」という驚きです。見た目がすっきりシンプルで小型なのに、機能、性能がすごい、という。割り切りのバランスがうまくないと、そこが甘くなる。

――それをユーザーの言葉で言わせていただくと、「ギャップ萌え」ですね。サイズ感と、そこから予想される性能の落差というか「こんなことまでできるのか」という驚きが魅力なので。そうか、だから最初のサイズ感にショックがないと、性能がいくら良くなっていても「まあ、このくらいできるだろうね」になっちゃうということか。

石塚　そういえば、もっと小さい「ハワイ」シリーズ。

――「スシ」ですね（前章参照）。

石塚　そうそう、スシことUシリーズもまだまだ製品改良を頑張った。自撮りができる回転レンズ搭載機（「DSC－U50」、03年発売）を出し、それでも売れないのは「やっぱりズームがないからだ」というので、小さな光学ズームを入れた「DSC－L1」（04年）というのをつくったんです。しかも、広告にはペ・ヨンジュンさんを起用。

――ペ・ヨンジュンさん？って、あの、「ヨン様」ですか。これは懐かしい。

石塚　そう。当時人気を博していた韓国のテレビドラマ「冬のソナタ」のヨン様をテレビコマーシャルに起用したんだけれども、これも売れなかった。

――なぜだと思われますか？

石塚　何でなんだろうな。ぱっと思いつくのは液晶ディスプレイが小さくて見にくかったことですね。もちろんレンズも大事なんだけれども、コンパクトデジカメ（コンデジ）って液晶が大きくて見やすくないと非常に使いづらいんですよね。僕が今、責任者だったら、（Uシリーズは）自分の老眼でまったく液晶が見えないので「これじゃだめだよ」と言うんだけれども、当時はみんな若かったので。役員に結構文句を言われたんですよ。これの

DSC-U50（2003年9月）　手のひらサイズのUシリーズに回転レンズを搭載し、メモリースティックDuo搭載で薄型に

DSC-L1（2004年12月）　こちらは光学3倍ズームを搭載。色ごとに違う表面処理を施すなど、ガジェットとしての魅力も強化した

前のＰ１でも。

――Ｐ１ですら液晶が見にくかった。

石塚　当時のディスプレイ用の液晶って、１・８～２型くらいが標準だったのが、Ｐ１のこの縦の長さに４対３の比率の液晶を入れようと思うと、１・５型しか入らなかったんですよ。なのでわざわざＰ１のためにつくったんですよ、小さい液晶を。

――小さくて見にくい液晶をわざわざ新規につくったと。あれ？　でもそこまで見にくかったかな……。

石塚　１・５型って、撮影時のファインダーとしては使えるんだけれども、オンスクリーンディスプレイとしてだと、メニューのキャラクター、文字が読めないんです。かなり見にくくて、使いづらい。

当時の役員に、「石塚君、これ見えないよ」とか言われまして、でも僕もちょっとひどくて、「これは若者用のカメラなので、ユーザーはみんな見えます」とか言って、優しい役員の方がすごすご引き下がってくれちゃって。

――ああ（笑）。現場に押し通す勢いがあったんでしょうね。

石塚　１・５型ですらそうだったのに、スシに至っては……１型ですからね。

編集Yの私物DSC-U10のメニュー画面。ほぼ1円玉サイズで、老眼が進んだ私にはメガネ必須

——これは私物のU10ですが、今の私には文字はおっしゃる通り全然見えないです。

石塚　もちろん僕も全然見えない（笑）。今思えば「撮影時にフレーミングが分かればいいだろう」と考えていたんでしょうね。割り切りがちょっと過ぎて、使い勝手が悪かった。

——割り切りが過ぎれば、使い勝手が悪くなって、そうなると売れない。

石塚　「こだわり・わりきり・おもいきり」という、フィロソフィーで言うところの割り切りも、やり過ぎると、だめ。一方で、突き抜けないと魅力も生まれない。

——それはそうですね。見えないくらい小さいこの液晶ディスプレイを積んだことで

Uシリーズのサイズが実現できたわけで。

石塚　そう。さっきの話につながるんですけれど、「こだわる」からには突き抜けていなきゃいけないんだけれども、やっぱり商品性とか使いやすさは、ユーザー視点ですごく大事。そこのぎりぎりのバランスを狙うところが商品企画だと思うんですね。当時だって、「バランスも取らなきゃいけないな」とは思っていたはずなんです。なんですが、そう思いながら、ソニーのユニークさみたいなところに突き抜けようとした。

ユニークな商品ならば愛される……と思いたい

——ユーザーはそこを愛してくれるはずだ、と。私なんかはすごく共感しちゃいますが。

石塚　ところが、突き抜けきれなかったり、あきらめきれなかったり、というか。市場の意向を意識し過ぎて突き抜けきれなかったり。あるいは、突き抜けることで使いやすさを失うのが分かっていても、あきらめられなかったり。

——ガジェット好きとしては、そのいびつさも魅力ですけれど、普通に売れるかと言われたら、確かにどちらも難しいかもしれませんね。振り返ればＤＳＣ－Ｔ１は、小型化のた

DSC-T1の背面

めに光学ファインダーを「割り切った」けれど、その代替として日中でも見やすいハイブリッド液晶にして、サイズも小さいとは言え当初案よりは大きくした。

石塚　そうそう。

――「割り切った」ところで安心してやめないことも必要だと。

ストライクが取れなくなっていた

石塚　そうですね。前にもちょっとお話ししましたが、ソニーのデジタルカメラは、「他社はフィルムカメラのデジタル化の置き換えで考えているようだが、俺たちは違う」というのが大前提だったわけです。

市場のど真ん中は、確かにそういう本格派だろう。それは分かっているけれど、我々はそこをちょっと外したような商品をやりたかったんですよね。最初にお話しした通り、市場がある以上ど真ん中もやるけれども、周りのほう、個性を発揮できるところをもっとやりたい。外角低めか内角高めを突きたい、みたいな。ところが、そこでストライクを取るのが難しかったという。

――それだとビジネスとして続けていくのはやはり厳しいですか。

石塚　この頃の機種も、デザインとかは悪くないものがたくさんありますし、なにより市場自体がまだ全体に伸びていたので、当時のビジネスとしては悪くなかった。なので、新しいシリーズもいろいろ出しましたし、昔からのシリーズのリファインも続きました。

――石塚さんお気に入りのＴシリーズの改良機がＴ３（04年）、Ｔ７（05年）、Ｔ30（06年）と、続々出てきますね。

石塚　そう、しぶとくやっていて。

――いや、しぶとくって（笑）。

石塚　Ｔ７は、「Ｔシリーズは名刺サイズを実現したけれども、やっぱり厚いよね」というので、究極の薄さを狙おうと。厚さ９・８ミリなんですよ、これ。

DSC-T7（2005年4月）　本体最薄部9.8ミリという超スリムなボディ。T1、そして先代のT3の最薄部は17.3ミリだった。T7は本当に名刺入れに入ってしまう

――とうとう1センチ切りをしてしまった。Ｔ１が17・3ミリだったからほぼ半分になったわけですね。

石塚　でも、これも売れなかった。

――（ガクッ）それはどうしてですかね。

石塚　これは「そこまで薄い必要はないだろう」という話でしょう。

――そんな身も蓋もない。

石塚　「別にＴ１で十分スリムだし、こんなに薄くなくてもいい」と、ユーザーに思われたのでしょうね。あと、あんまり薄くて軽いとぶれるんですよ、シャッターを押したときに。

――そういうものですか。

石塚　カメラってある程度の大きさと重さ

が必要で、脇を固めて撮ってもここまで小さくて軽いと、シャッターを押した瞬間にずるって動いちゃうんですよ。非常にぶれやすい。

——うーん、難しいですね。こだわりが伝わらないと、割り切った意味がない。

大人の階段に気付いたソニー

石塚　今から思えば「えっ、そんなことやっちゃうの」と思うようなトライ&エラーを通して、だんだん、だんだん、カメラの本質的な性能というか、求められているものに気付き始めるわけですね。「お客さんに選ばれない」という事実を目の当たりにして。我々はＴ１ぐらいまでは、「やっちゃえ、やっちゃえ」みたいな感じだったんですよ、ずっと。

——そこから、だんだん大人になっていく過程を、今伺っているわけですね。

石塚　そうそう、それはいい表現ですね。「デジタル・ドリーム・キッズ」って出井社長が言っていたから。

——そうでしたね。故・出井伸之さんの社長時代（1995〜2005年）のキャッチフレーズでしたね。

DSC-T70（2007年9月）　同時期発売のT200ともども「スマイルシャッター」を搭載したTシリーズ

石塚　そんな思いもあって、冒頭にお話しした本格派のカメラも始めつつ、Tシリーズ、Pシリーズ、そしてNシリーズ、Hシリーズと、しぶとくいろいろと、これでもか！ってやるんだけれど、ある意味、やることがなくなってきちゃった。新機軸を打ち出せないまま、バッテリーの強化などで、ちょこちょこ改良版を出し続ける格好になっていきます。

ライバル社名じゃ動かない

石塚　ああ、そんな中でちょっと面白いヒットが出ます。「スマイルシャッター」。

——ありましたね。

石塚　これは結構便利で、「ハイ、ソニー」って言いながら写真を撮ると、笑った瞬間にシャッターが切れるという。

——口角が上がったら撮れる、ということですか？

石塚　そうそう、そういうことです。

——これってソニーさんが初めてですか。

石塚　そうです。あれはＡＩ（人工知能）といえばＡＩで、そういう画像データをたくさん集めて、それのパターンにはまる口角のパターンを見て、シャッターを切るという、そういうシカケでしたね。

——これは面白い発想が出てきたものですね。

石塚　「はい、キヤノン」と言ってもシャッターは切れないわけです。

——そうかそうか。じゃ、ニコンもだめですね。

石塚　そうそう。「ハイ、チーズ」というのと「ハイ、ソニー」というのは同じ口角になるんですね。

——光学系やイメージセンサー、画質の良しあしといった性能じゃないけれど、笑顔が確実に撮れるならそれはユーザーには大きなメリットですね。すごいな。

石塚　と、「ソニーらしさ」を目指す従来路線の中で、もがきつつも突破口はなかなか見いだせず、閉塞感が増していくわけです。

本格派カメラへの苦闘

――ここまで、激戦区の一般ユーザー向けコンパクトデジタルカメラ市場でのソニーの戦いを伺ってきましたが、時計の針を巻き戻して、本格的なカメラの市場を目指してきた経緯を、製品を通して振り返っていただきたいと思います。ちなみに、「本格派カメラが必要だ」という気付きが生まれたのはいつでしょうか。

石塚　そうですね……本格派カメラ志向のモデルは１９９８年の「ＤＳＣ－Ｄ７００（サイバーショット・プロ）」の頃からありましたが、本気でやらないと、となってきたのは２００３年に「ＤＳＣ－Ｖ１」を出す頃からかな。これは競合メーカーの本格派カメラをかなり意識した商品です。

――Ｖ１の売れ行きはどうだったのでしょうか。

石塚　マスを狙った商品ではないので、そこそこでしたね。可もなく不可もなく。

DSC-V1（2003年5月）　510万画素CCD、光学4倍ズームを搭載。普及モデルでは物足りず、さりとてデジタル一眼レフまではちょっと、という中級者をターゲットとした

――当時の「本格派のコンデジ」というと、キヤノンの「PowerShot G」シリーズ（「G1」が00年発売、以降ほぼ毎年新型が登場する）が仮想敵でしょうか。05年にソニーからは、光学12倍ズーム搭載の「DSC-H1」が出てきますが、こちらもそういう狙いですか？

石塚　高倍率ズーム搭載機のHシリーズは、基本的に本格派コンデジとは別に考えたほうがいいと思います。こちらは他社さんによって市場ができてきまして、僕らがそこに参入した形です。ビジネス上は脇を固めるというような感じのものです。日本より海外でよく売れましたね。

――なるほど。ところで、V1発売から半

DSC-H1（2005年6月） 光学12倍ズームレンズと手ぶれ補正機能を搭載

DSC-F828（2003年12月） F値2.0-2.8の明るい光学7倍ズームレンズ、新開発の4色カラーフィルターを採用した撮像素子、画像処理システムなどを搭載。本格派カメラへの意気込みを感じさせるカメラ。Fシリーズらしくレンズ部は回転する

年後の03年12月に「ＤＳＣ－Ｆ８２８」という、明らかにそれまでのＦシリーズの３ケタ番台とは違う異形のカメラが出てきます。ルックスもがらっと変わりましたし、プレスリリースを見ると、イメージセンサーは「世界初の４色カラーフィルターを採用した『４color Super HAD CCD』」。レンズは「Ｆ値２・０－２・８光学７倍ズームレンズ（広角28㎜－望遠２００㎜）」。そしてお値段は「希望小売価格１６０，０００円（税抜き）」。本格派コンデジ、こいつでやってやるぜ、という気合が満々ですけれど。

石塚　Ｆ８２８は実はいわく付きと言いますか、いろいろあったカメラです。うちのエンジニアがものすごく思い入れて開発をやったイメージセンサーを搭載しています。イメージセンサーって普通はＲＧＢ（赤・緑・青）の３色コーティングなんですけれども、ここにＥ、エメラルド（青緑）を入れて、色の帯域を広げました。

――今でもこの機種の色味を称賛する個人のブログを見かけます。

石塚　ありがたいですね。いい色味が出るには出たんです。しかし実は、カメラのレンズには「パープルフリンジ」といって、被写体によっては画像のエッジの部分に紫色の偽色が出てしまう現象がまれにあるんです。最近はレンズの性能や画像のデジタル補正でかなり改善できるんですが、そういう技術が当時はなくて。

——なくて？

石塚　悪いことに、このＦ８２８に搭載したのはその現象が少し出てしまうレンズで。かつ、赤や青緑色の情報量が増えた４色コーディングなので、これを強調してしまう。発売前から気が付いていて、悩んだ末に出したのですが、レンズ交換ができない機種だし、やはりちょっとこれはいかんというので、これ一発で終わりました。

——スペックからしても明らかに一眼レフを意識したモデルだと思うのですが、不発に終わってしまったと。レンズ一体型での「本格派のカメラ」への試みがなかなか実を結ばない中で、どうしてもレンズ交換式のカメラ、一眼レフが視野に入ってくると思うんですが。

コンデジで一眼レフに対抗できないか

石塚　うん、２０００年代に入ると、他社さんがいわゆる「デジタル一眼レフ」を民生用に出して、それが売れ始めた。そういうのを横目で見ながら「僕らもやりたい」と思っていました。

——ニコンのＤ１がデジタル一眼レフの価格帯を一気に下げたのが１９９９年でした。それでも65万円でしたが。これに使われたイメージセンサーは、確かソニー製の「ＡＰＳ－Ｃ」サイズＣＣＤでしたから、自分たちでデジタル一眼レフをやろうと思えばやれるわけですね。

石塚　いやいや、イメージセンサーだけでは。「そろそろ本当の一眼レフカメラが欲しいよね」といっても、交換レンズを持っているわけじゃないし、メカニカルシャッターを開発できる実力もないし。

――なるほど。交換レンズ資産がゼロというのはいかにもつらい。本体と同時にレンズもそろえて発売しよう、となるとすごい投資とノウハウがいる。

石塚　そうすると、「じゃあＦ８２８の系列のコンデジで、一眼レフと同等の画質のカメラをつくれないか」、ということになって。イメージセンサーはＡＰＳ－Ｃサイズにも匹敵する大判のＣＭＯＳセンサーを入れたデジカメをつくるんですよ。レンズも新しく開発しました。それが「ＤＳＣ－Ｒ１」です。

――これは一眼レフのような、ミラーとペンタプリズムは持っていないんですね。

石塚　はい。フリーアングル液晶モニターが付いています。

――モニターを上に跳ね上げられるんですか。かっこいい。レンズは外せないんですね。

石塚　レンズは固定（24－120ミリ光学5倍ズーム）です。だけど、イメージセンサーが大きくて画質が良く、マニュアル機能がいっぱい付いている。

写真好きの人は「別にソニーのはいらないよ」

――05年ごろは、レンズ交換式デジカメへの小型・低価格化が進んで、高性能なコンデジから移行が始まった時期のようです。デジタル一眼レフでも、キヤノン「EOS Kiss Digital N」やコニカミノルタ「α-Sweet DIGITAL」などの、本体の価格（レンズ別）が10万以下の機種が登場し始めた。そこにソニーは、あえてコンデジのR1をぶつけた格好です。

石塚　でも、R1はあまり売れませんでした。それなりに高い性能ではあるけれども、一眼レフに比べるといろいろ見劣りすること、そしてソニーがこういうハイスペックなモデルを出しても、評論家やメディアからは「電機屋さんのカメラでしょう」と受け止められてしまう。

――過去の実績がないからですか。

DSC-R1（2005年11月）　当時勃興してきたデジタル一眼レフと真っ向勝負の意気込みを感じる一体型のデジカメ。撮像素子（1030万画素）も外寸も、レンズ交換ができないことを除けばデジタル一眼レフとほとんど変わらないビッグサイズ

石塚　何より、本当に写真やカメラが好きな方は、こういうカメラは別にいらないわけですよね。すでに市場にニコンもキヤノンもあるわけですから。しかも、「レンズ交換できないじゃん」と言って、終わりです。

　ちなみに、よく考えたら、私、このとき、いったんデジカメの現場を抜けていて。

——えっ、どこにいらっしゃったんですか。

石塚　04年の8月、アテネオリンピックのときから06年末までの約2年半、愛知県の幸田にある製造事業所（当時のソニーイーエムシーエス　幸田テック）に出向していたんですよ。仕込みの時期に現場にいた機種はよく覚えているんですが、いない間のことは印象が薄い、というところはありますので、ご承知おきください。

――なるほど。石塚さんがデジカメ部門（ＤＩ＝デジタルイメージング事業本部）を離れている間に、ソニーはコニカミノルタのカメラ部門を事業継承して、レンズ交換式の世界に進出していきます。この先のお話は本格派のカメラが中心になると思うので、ここでゼロ年代の「異色コンデジ」を総ざらえしてみたいのですが。

閉塞感の中、アイデアコンテストで現場の活気を保つ

石塚　皆さんが大好きな「アイデアはすごい」機種ですね（笑）。独創的なアイデアは、お話ししたとおり売り上げにはつながらないことが多々あります。一方で、工場からデジカメ部門に復帰してみたら、業績が振るわず数字に追われている状況で、現場にフラストレーションがたまっていることにすぐ気付きました。

　そこで、「ディスカバーＤＩ」という、アイデア社内展示会を始めました（第１回は07年６月）。若手、中堅、誰でもいいからとアイデアを募集すると、毎年２００件以上も集まる中で、年に１つか２つを商品化していたんですよ。

――ガス抜きだけじゃなくて、異色のアイデアでもちゃんと商品化する。

石塚　そうしないと本当のガス抜きになりません。「商品になるかも」という可能性を感じつつ、様々なアイデアを自由に発想し提案してもらうことで、硬直化した組織からは出にくい斬新でユニークな商品が生まれてほしい。僕はそう心から欲していましたから。

――実際に商品化された例で言いますと。

石塚　僕が自分で「本部長賞」というのを出して商品化した、パノラマ撮影機能（スイングパノラマ）入りのカメラが、ＤＳＣ－ＨＸ１です。

――パノラマ撮影って、難しいんですか。

石塚　難しいというか、データの読み出しを高速でやる必要があるので、撮像素子がＣＣＤからＣＭＯＳになったことで実現できたんです。これはラスベガスのＰＭＡという米国でのカメラの展示会で自分でプレゼンしたなあ。

――カメラの台座がぐるぐる動く「Ｐａｒｔｙ－ｓｈｏｔ（パーティーショット）」もアイデアコンテストから？

石塚　そうですそうです。若手が自主的に練り上げてきた企画で。「フォトグラファーは自分が写らないじゃないか」と。例えば、親が子どもを撮るときに、子どもと一緒に写れ

DSC-HX1（2009年4月）　高倍率ズーム搭載のHシリーズに、当時発売していたデジタル一眼レフ「α」の技術を投入して登場したモデル。カメラを横か縦に振ると最大100コマの静止画を高速連写し、自動的につなぎ合わせてパノラマ画像を生成する。写真はPMAでHX1を発表する石塚さん

たら楽しいじゃないか。そこで、カメラを載せると自動的に顔を探して検出して、かつ、前回お話ししたスマイルシャッターを併用して、笑顔になると勝手に写真を撮ってくれる。そういうアイデアが出て、カメラを載せる雲台として商品化されたんです。起動すると顔を探して、くーっとローテーションするんですよね（左ページ写真）。

——かなり面白そうじゃないですか？

石塚　これも残念ながら売れなかった。難点は、アイデアはいいんだけれど特定の機種しか使えないこと。雲台とカメラの接点を標準化しておかないと、カメラ側が設計を変えるたびにつながらなくなっちゃうんですよね。

インテリジェントパンチルター　IPT-DS1（2009年4月）　顔を探してカメラを載せた台が回転する様子は、ドローンやロボットを思わせる。対応機種はDSC-TX9、TX7、TX1、WX1

——ああ、そうか！

石塚　今のスマホみたいに、ＵＳＢなどコネクターが決まっていればいいんだけれども、当時はそうじゃなかったので。

これ、ちょっと間違ったらスマホ？

——アイデアと言えば、07年に出た「ＤＳＣ-Ｇ1」。あれはアイデア満載のデジカメでしたね。

石塚　Ｇ1、はい、またこれが変わったカメラで。ちょっと時代が早すぎたモデルだと思います。今、スマホでできているようなことをコンデジで実現するという、中身がパソコンみたいなカメラです。今、スマホのカメラを向けるとそれが何なのか教えてくれる、というサービスがあるじゃないですか。ＤＳＣ－Ｇ１をつくった人は、果敢にも「そういうことができるはずだ」と主張して、このデジカメを開発したんです。

未来を夢見たサイバーショット

――画像認識？　この機種でですか？

石塚　類似画像検索の機能は入っていましたけれど、そこに近づけたのは後継機の「ＤＳＣ－Ｇ３」（09年1月）ですね。無線ＬＡＮ機能だけでなくフルブラウザ搭載で、別売りでしたが、ＧＰＳ（全地球測位システム）ユニットもありまして。

――すごい、ここまでめちゃくちゃ先進的なデジカメが出ていたとは知りませんでした。外観もＧ１より格段にすっきりしていますね。そしてフルブラウザ搭載ということは、デジカメから直接ネットにアップロードもできるし、ＧＰＳの位置情報も記録できると。

石塚　そうです。ＧＰＳの完成度は自慢できないし、別売でしたけれど、とにかく技術的にはてんこ盛りで。

DSC-G1（2007年）　カメラとしては05年に出たT9とほぼ同一だが、当時としては空前の2GBのメモリーと無線LAN（Wi-Fi）を搭載し、DLNAサーバ機能で他のDLNA機器（テレビなど）から撮影した映像を見ることができる。「撮影した映像を持ち歩き、当時としては大型（3.5型）の液晶や、AV機器で再生する」というコンセプト

――いや、ここまでできたら、あと一息、ネットとの常時接続がかなえばほとんどスマホじゃないですか?!　初代iPhoneの米国発売が07年で、ええと（検索している）、iPhone 3Gの日本発売が08年7月か。09年1月発売だから、ほぼほぼ初代iPhoneと同時期といってもいいのでは。ここまで思い付いて、製品化していたというところがすごいですね。

石塚　そうそう。これを開発した技術者は、しゃべりだすとたぶん止まらない面白い人で、超オタク。残念ながら、これは売れなかったですけれど。

――そうかもしれませんね、でも面白い。

石塚　VAIOのノートパソコンで、C1

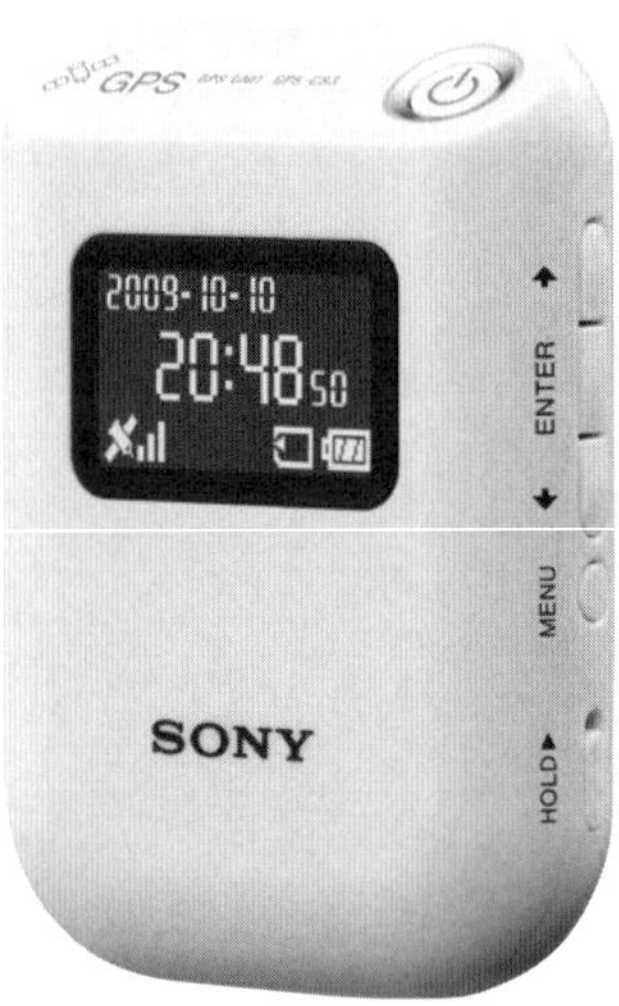

DSC-G3（2009年1月） メモリーは約4GBに増量され、ルックスも格好よくなった。GPS-CS3Kは付属ソフトで画像の位置情報をネットの地図と組み合わせて活用することができた

というユニークなパソコンがあったでしょう。

――はいはい。

石塚　細長くて、カメラが付いていて。

――買えませんでしたが、当時すっごく欲しかったです。

石塚　それをつくった人が、このカメラをつくったんです。

――あー、分かる！　同じ思想を感じます。

石塚　Ｇシリーズは、ＶＡＩＯをやっていたチームから分かれて手掛けた、中身が完全にパソコンみたいな感じのアーキテクチャーになっているカメラでした。けれども、ほかのカメラに横展開が全然できないので、これで終わりました。

早すぎた異色作の意義と限界

――こういう早すぎた製品というのは個人的に大好物なのですが、ビジネスとしては難しいですね。

石塚　もちろん、売れるかどうかはとても大事です。大事ですが、同時に「こんなものを

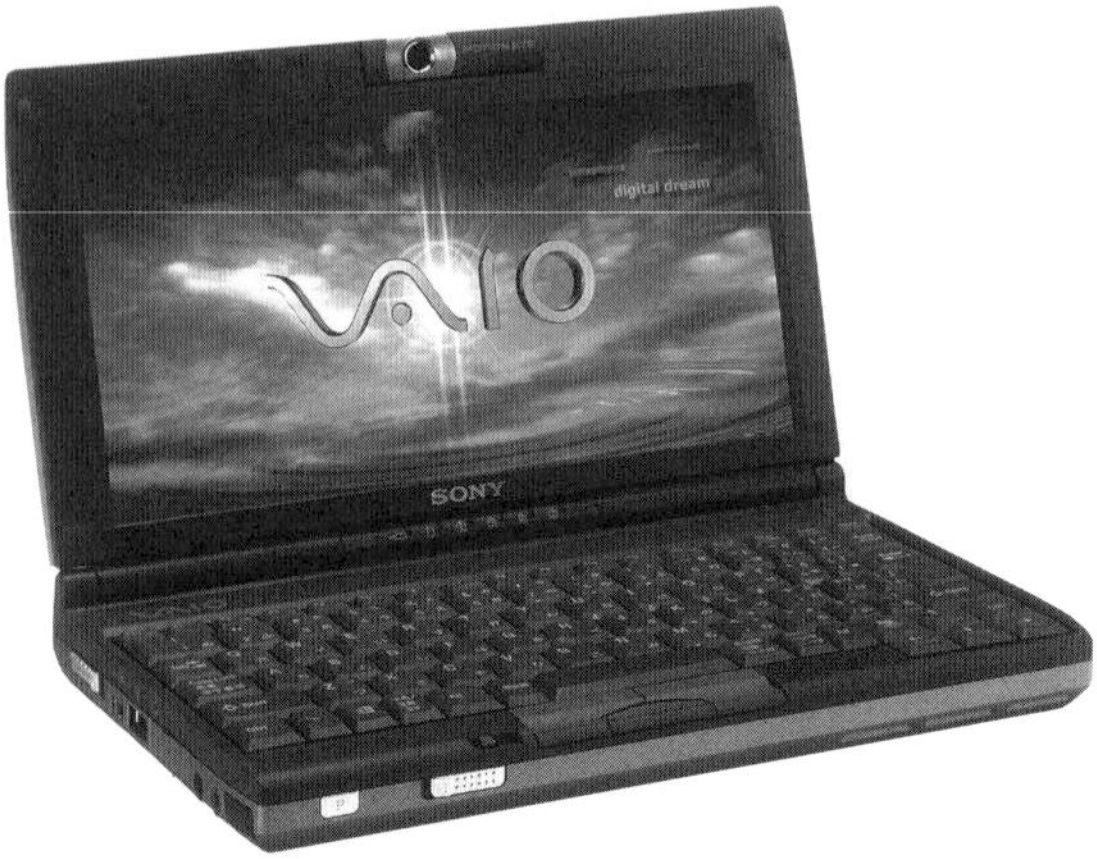

バイオC1　PCG-C1（1998年9月）　A5サイズの横長ボディで1kgを切る筐体に、テレビ電話ができるカメラを内蔵し、動画編集も可能。Bluetooth経由でネットに接続し、音楽配信の利用（ソニーが提供していた）もできる、と、時代を20年ほど先取りしすぎたソニーのパソコン

やってみたい」というチャレンジ精神を組織の中にキープすることも重要です。「ここならやりたいことがやれる」という気持ちを維持するためには、やっぱり「実際に発売する」ことが大事なんですよね。そのリスクを取るのも上司の務めだと思います。

――口だけじゃなくて自分もリスクを取ることで、組織の元気を維持する、というお話ですね。ああ、それにしても、頑張ればデジカメからスマホにつながっていったかも。惜しいなあ。

石塚　00年くらいからソニーが当時「PDA（Personal Digital Assistant、個人向け情報端末、スマホのご先祖的なガジェット）」と呼ばれた機器を出していて、「ＣＬＩＥ（クリエ）」とかね。

――あったー。持っていましたよ。Ｐａｌｍ ＯＳ搭載のＰＤＡでした。

石塚　クリエのほかにもいくつかＰＤＡがあったんですよ。各部署で独自にやっていて、どれもあまり売れなかったんですけれども。単体ではネットに常時接続できないのが今のスマホとの大きな違いでした。

――クリエは05年7月に終売になってしまいます。

個性の薄いデジカメが売り上げを支える

石塚　こんなのもあったと今、改めて思い出しました。こうした異色作も空振りに終わって、よそとあんまり見掛けが変わらないようなＷシリーズが出てきます（04年5月「ＤＳＣ－Ｗ１」）。しかし、これがソニーのデジカメの売り上げを支えてくれるんです。

――実績をたたき出したシリーズに対して、言葉を選ばずにすみませんが、これはエクシリムにそっくりですね。ロゴをカシオに替えたら見分けが付かないかも。

石塚　このあたりからＴシリーズのような、薄さやサイズ、デザインの差異化で市場をつ

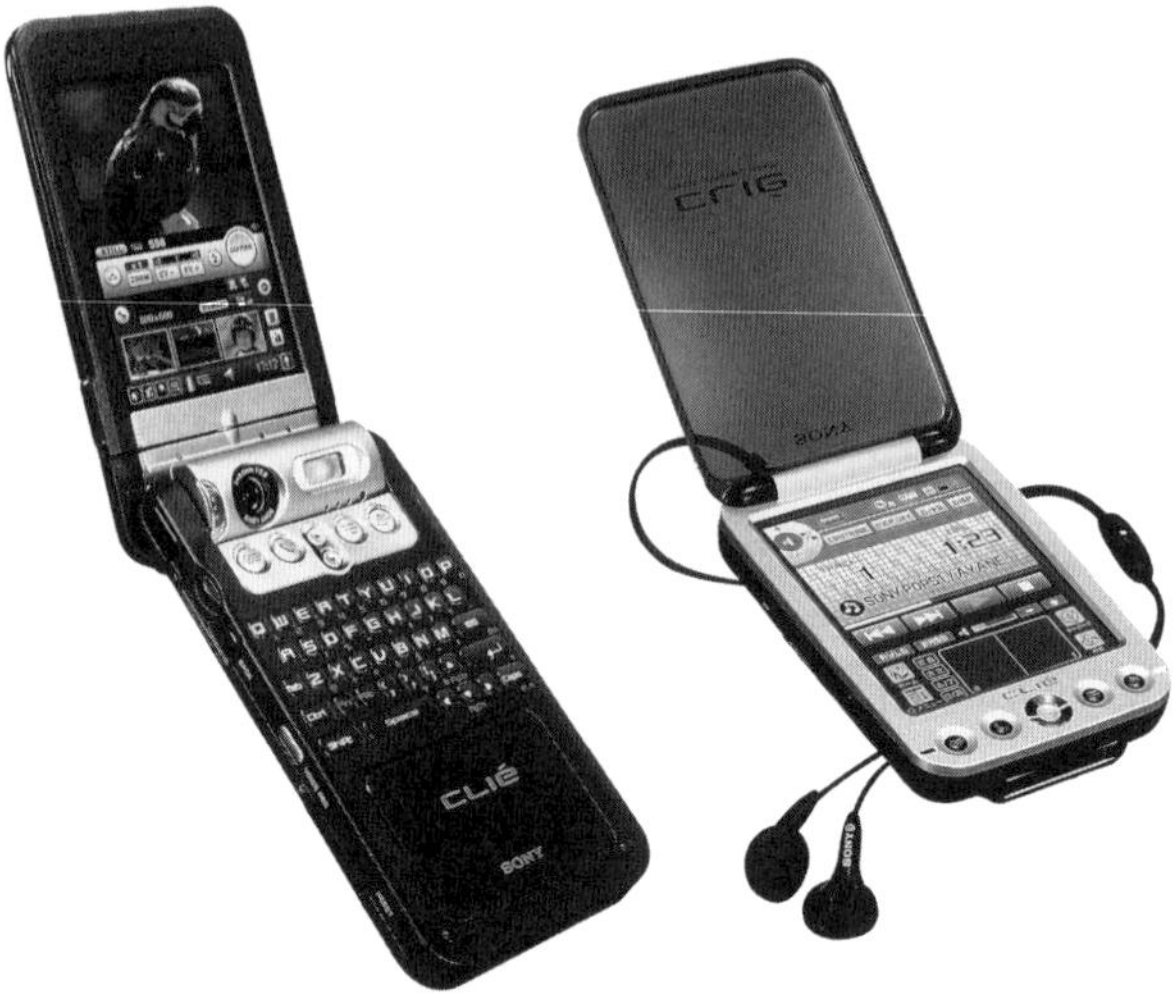

2000年代初頭にかけてソニーもPalm OSを搭載したPDAをラインナップしていた。CLIE（クリエ）はビジネスツールとしてだけでなく音声映像の再生機としての機能も備えていた

かむことの限界を感じ、一般ユーザーのメインの市場である他社と同等の伝統的なフォルムで競争することになってきます。大人になって、ある程度、夢を……。

——夢を諦めちゃうんですか。

石塚　諦めたみたいな感じに見えるよね。だから、ビジネス的にシェアナンバーワンを取るとか、事業的に採算性を重視、みたいな感じになってくるわけですね。

——「ソニーらしさ」の塊みたいなGシリーズや、非・カメラメーカーの意地のようなR1は市場からリジェクトされ、Wシリーズが新たな屋台骨になるものの、独自性は薄い。12年にいまなお人気機種の「RX」シリーズが登場して、コンデジの世界でブ

DSC-W80（2007年4月）　04年から発売されたWシリーズは当初はサイバーショットの最廉価ラインだったが、徐々に光学式手ぶれ補正などの機能強化が果たされ売れ筋となり、ソニーのデジカメ事業の規模が急拡大していく。Wシリーズのサイバーショット は「DSC-W830」（2017年10月）がまだ現行商品（ソニーストアでは終売）

ランドを再確立するわけですが。

石塚　言い換えると、付加価値の高い「本格派のカメラ」の開発と、「ソニー」というブランドにふさわしい独自性。この両立への試行錯誤がずっと続くわけです。

――ええと、06年にソニーはコニカミノルタのカメラ事業を継承する形で、ついにデジタル一眼レフ市場に参入するんですよね。それで悩みは解決できなかったんでしょうか。石塚さんが前線に復帰した07年の時点でも、葛藤は続いていたんですか？

石塚　そりゃあもう。デジタル一眼レフに参入したのはいいけれど、カメラメーカーさんとの戦いは、一筋縄ではいきませんでした。

COLUMN

ソニーが誘われた「マイクロフォーサーズ」

先のコラム（66ページ）で「イメージセンサー」のサイズについて触れたので、本編では次の第4章に登場し、ソニーに陣営入りを勧誘する「マイクロフォーサーズ」について先に解説しておこう。第4章を読んでからお戻りいただいても大丈夫だ。

マイクロフォーサーズは、4／3型＝17.4×13.0ミリのイメージセンサーを使用するミラーレスタイプのデジタルカメラの規格だ。規格名はこの「4／3」に由来する。発表は2008年8月、商品は10月にパナソニックから「LUMIX DMC-G1」が発売された。

すでに解説した通り、イメージセンサーには様々なサイズが存在する。サイズが小さいイメージセンサーは取り込める光の量が少ないことから暗い場所に弱く、しかし本体、レンズを小型軽量化しやすい。

この章で触れた当時、レンズ交換式カメラのイメージセンサーの大きさは、第4章で登場するαシリーズも採用していた「APS-C」が主流で23.5×15.6ミリ。サイズ比較は下の図の通り。ただでさえデジタル一眼レフより小型軽量化が可能なミラーレスで撮像素子が小さくなれば、レンズもカメラ本体もさらに小さく、軽くできる。

この規格を採用したオリンパス（現OMシステム）とパナソニックのミラーレスはボディ、レンズに互換性が生まれ、「オリンパスのカメラにパナソニックのレンズ」といった組み合わせが可能になる。他社と市場を共有することになるが、レンズ資産を一気に増やせるメリットもある。

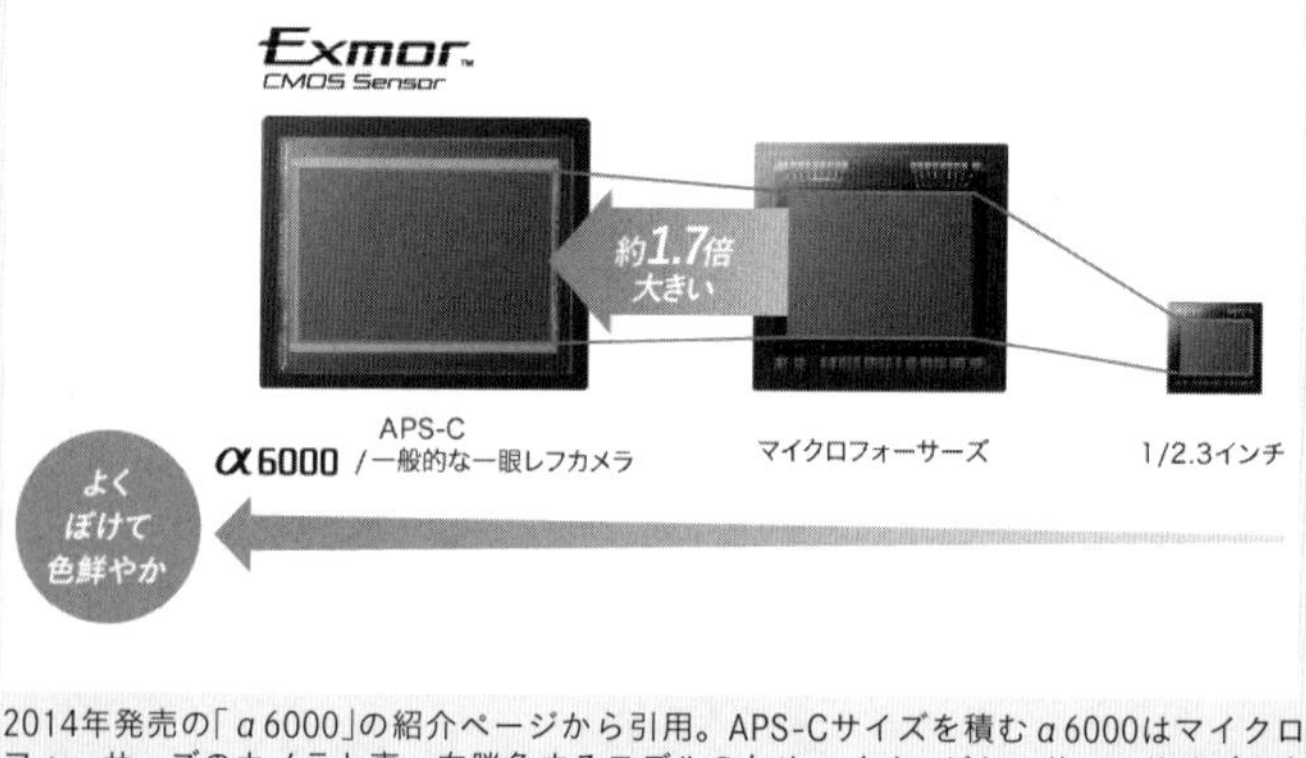

2014年発売の「α6000」の紹介ページから引用。APS-Cサイズを積むα6000はマイクロフォーサーズのカメラと真っ向勝負するモデルのため、イメージセンサーのサイズの大きさをアピールしている

第4章

ソニーらしいレンズ交換式カメラへの長い道のり

念願のデジタル一眼レフ参入！でも市場の反応は厳しかった

——ソニーのデジタルカメラを草創期から率いてきた石塚さんに、歴史を振り返っていただいていますが、ちょっと気になっていることがあります。

石塚　はい、なんでしょう。

急成長が続くのにどうして閉塞感が？

——これは石塚さんのキャラクターもあるのでしょうけれど、お話のトーンが「いろいろやったけれど、なかなか売れなかった、突破口が開けなかった」という感じで、予想外なんです。実はもっと自慢話がお聞きできるかと思ってたんですけれど。

石塚　いや、仕事は楽しくやってましたけど、話したとおりですよ。「ソニーらしい個性」がなかなか市場のストライクゾーンに入らなくて、悪戦苦闘していました。

ソニーの全世界デジタルカメラ出荷台数（単位は万台）

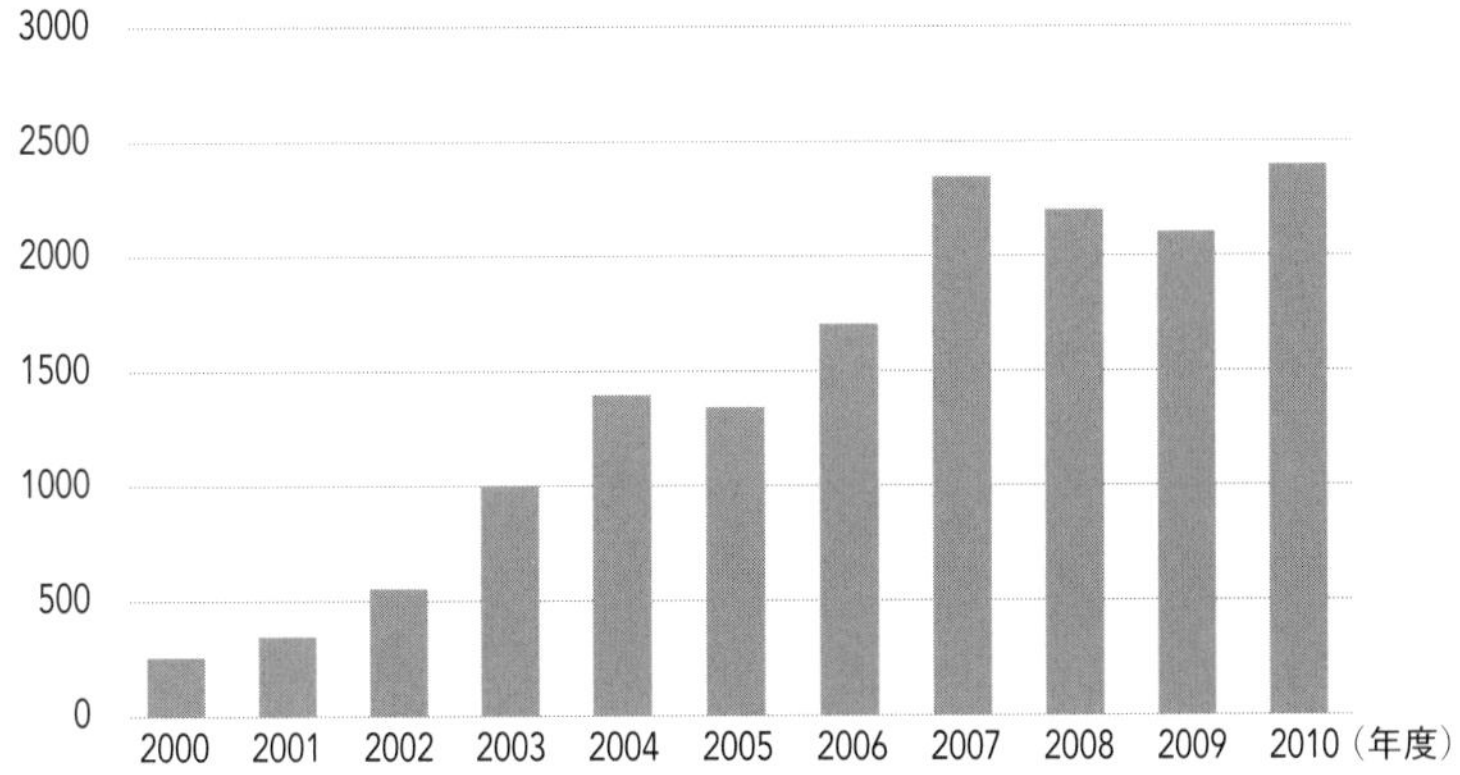

出所：ソニー

――石塚さんは、40歳でパーソナルビデオ部門の部長、２００１年には、PI（パーソナルイメージング）カンパニーのプレジデントに就任しています。で、これは、ソニーのデジタルスチルカメラの出荷台数の推移なんですが……。

ご覧のとおり、石塚さんがプレジデントを務めた期間は販売台数はめっちゃめちゃ伸びているわけです。毎年5割増からほぼ倍増という。そしてその後も成長が続きますよね。その期間のお話にしては、なんというか……これで手詰まり感、閉塞感を覚えるものなのかな、と。

石塚　その説明は簡単で、当時は市場全体が伸びていたわけですよ。

——あっ、そうか。

石塚　確かにソニーのデジカメは売れに売れて、ビジネスは拡大の一途でした。けれど、それはソニーのデジカメの個性が刺さっていたからではなく、いや、刺さってもいた、と思いたいけれど、「デジタルカメラ」の市場が膨れ上がる時期だったからなんですね。

——うーん、ですが、デジカメ事業は追い風に乗ってとてもうまくいっている、という気分でいることもできそうですけれど。

石塚　はい、数字を見るとそうなんですが、ここまで見たとおり、あれこれ本格派や個性的なカメラを出してもヒットが出ない。例えば、00年からしばらくはPシリーズとTシリーズが支えていました。その後は前章で最後にお話ししたWシリーズが中心なんです。12年にコンデジとしては大型のイメージセンサー、1・0型CMOSを使う「RX」シリーズが出るまでは、サイバーショットの事業を支えてくれていたのはWシリーズでした。

　ビジネスとしてはこれが売れた。市場が求めたのはこういう、個性をそれほど強くは打ち出さない、でも機能はきっちり入っているモデルだった。言い換えれば、ソニーが「これがいい」と思った個性を、市場は求めていなかった、ということですね。

——「これこそソニーだ」といろいろな工夫をした。けれど、「そういう個性はいらない」

というのが市場の大多数の答えだった、と。そうなっちゃうと、ビジネスはうまくいっていても閉塞感が漂うかもしれませんね……よく分かりました。

石塚　そんな中で04年の8月から私は、ソニーイーエムシーエス（現ソニーグローバルマニュファクチャリング&オペレーションズ、ＳＧＭＯ）の執行役員常務として、愛知県の幸田テックのテックプレジデントとして働くわけです。当時ここはソニーのデジカメの製造拠点で、今も交換レンズやキーデバイスなどを製造しています。

――市販製品の事業マネジメントから、製造の統括に移られた。お仕事ががらっと変わりましたね。

石塚　ええ。この時期は振り返ってみると、時間の余裕ができたこともあって様々なことを考えましたね。本も読んだし、人の話も聞いた。自分の転機だったと思います。

――そんなにですか？

石塚　「幸田（に行く）前の石塚」と「幸田後の石塚」くらい変わったんじゃないかな（笑）。

――「型番が変わる」くらいだったと。45歳、ビジネスパーソンとしてはいったん区切りをつけるいいタイミングだったのかもしれませんね。それではこの期間は、デジカメの開発についてはもうノータッチだったのですか？

ソニー、コニカミノルタのカメラ事業を継承

石塚　そうです。ただ、製品を製造する現場を見るわけですから、商品情報は入ってきますし、ときどき元部下が遊びに来て、愚痴をこぼしていったりしました（笑）。それはともかく、私がデジカメの事業マネジメントから離れている間に、ソニーはコニカミノルタのカメラ事業を継承するんです。

　こちらが引き継いだ側なんですけれども、本拠地はコニカミノルタがある大阪で、新大阪の駅のそばにオフィスを借りて、事業部をスタートしたんですね。後にソニー副社長になるＫさんがこちらの人間を、１００人くらいかな、引き連れて新大阪にいって「（デジタル一眼レフを）教えてください」、というかたちで始まっています。

――いよいよ、ソニーの「α」のストーリーが始まるわけですね。といっても、当時のαは「デジタル一眼レフ」で、今のソニーのαシリーズの「ミラーレス」ではない。

石塚　そうですね。

――カメラにご興味がない読者の方には、ちょっと説明が必要ですね。１３６ページの説明と、１６０ページの図をご覧ください。

06年当時、コニカミノルタは「α-7 DIGITAL」(04年11月)「α Sweet DIGITAL」(05年8月)などのデジタル一眼レフをすでに発売していて、1985年以来積み重ねてきた「αマウント(ソニーと統合後の呼称は「Aマウント」)」のレンズ資産(交換レンズ群)も蓄積されていました。

当時のデジタル一眼レフ市場は、キヤノンとニコンの2強が8割のシェアを抑え、オリンパス、PENTAX、そしてコニカミノルタが残りの市場を分け合う状況でした。石塚さんはコニカミノルタのカメラ事業を継承すると聞いて「いいね!」という感覚だったんですか。

石塚　「なるほど」とは思いましたよ。前にもお話ししましたが、自分でもソニーで本格的なカメラを、ということで、サイバーショットのレンズ一体型のデジカメを何度かやっていたんですよね。だけど、いちいち新製品のたびにレンズを設計しなきゃいけないから、本当はレンズ交換式をやりたかったんです。ユーザーの方にも、ボディを買い替えてもレンズ資産が引き継げるメリットがありますし。OBの方にも「どうしてレンズ交換式をやらないんだ」と言われました。でもそのたびに「できません」と。

――できないですか。

レンズ交換式なら一眼レフ、と思っていた

石塚　その時点では、まず「ミラーレス」という発想がなかったんですよ。ミラーを付けて、メカニカルシャッターでバシャバシャバシャ、という一眼レフでないと、（レンズ交換は）できないと思っていたから。「なんで一眼レフをやらないの」と言われたら、「あんなすごい部品点数のメカの塊、できません」と言うしかない。怒られましたけれど（笑）。光学ファインダーと合わせて、それぞれのカメラメーカーのノウハウの塊ですよね。電機メーカーにはその蓄積は全然ない。

――やれと言ってもできなかった。交換レンズもゼロからつくることになるし。

石塚　そうそう。レンズ交換式の本格派のカメラをもしやるとなったら、他社とやらないとできないねということになる。ですので、コニカミノルタからの事業譲渡を知らされたときには「なるほど、やっとその時がきたか」と。

――「その手があったね、これでやっと本格派カメラの市場に出て行ける」と。

石塚　という感じでした。そしてここから始まるのが、「もっと簡単にうまくいくだろうと思ったら、全然そうじゃなかった」という話なんですね。

α100（2006年7月）コニカミノルタから引き継いだデジタル一眼レフの事業から、ソニーブランドで登場した初号機

――ええっと（笑）。

石塚　よくあるじゃないですか。光学のコニカミノルタとエレキのソニー。持つところ、持たないところの組み合わせがいいね、みたいな。

――ありますね。期待しますよね。

石塚　お互いの足りないところを、お互いのいいところで補えばうまくいくだろう、と思っていたわけです。そして06年、コニカミノルタと事業統合・事業継承して最初のモデル「α１００」が出ました。

――早いですね。

石塚　これは、中身はほぼコニカミノルタという感じですね。その後、僕がデジカメ部隊に戻ってからになりますが、「α７０

０」（07年11月）というハイアマチュア向け機、「α２００」（08年2月）というエントリー機、「α３５０」（08年3月）という背面液晶で被写体を確認できる機能（ライブビュー）を持つ機種、が出ます。

――で？

石塚　初号機のα１００だけはちょこっと売れたけれど、あとはいまひとつでした。

――うーん……。確かにこの頃のαシリーズの印象はうっすらとしかないです。

コニカミノルタ路線の最高峰を経てトランスルーセントミラーへ

石塚　08年に、フルサイズのＣＭＯＳセンサーを搭載した「α９００」という、本格的な一眼レフカメラのハイエンドモデルを出します。

――これはちょっとだけ覚えています。イメージセンサーのサイズも画素数も、23年現在で見ても一線級で、改めてびっくりしました。

石塚　従来路線の最高峰を目指したモデルですね。おっしゃるとおり、気合を入れた本格派のカメラですが、残念ながら、これも売れませんでした。

α900（2008年10月）　フルサイズ2400万画素CMOSのイメージセンサーを搭載。ボディ内手ぶれ補正機能も持つ。視野率の高い光学ファインダーを採用したため軍艦部がごつく、本体も大きい。コニカミノルタのαシリーズの設計を引き継ぐ系譜での「最高峰」

——……。

石塚　それで09年に、「ソニーでやるんだったら、やっぱり電子化をどんどんしていこう」ということで、ミラーボックス（ミラーとその跳ね上げ機構）を取り去って、固定式のハーフミラーを入れたモデルを何モデルか出します。

僕らは「トランスルーセントミラー」と呼んでいたんですけれども、普通の一眼レフはレンズから入ってきた光を、ミラーで90度反射して光学ファインダーで見ますよね。シャッターを切るときにぱたっとミラーが跳ね上がって、イメージセンサーに直接光が入る。この、ミラーをばたばた動かす機構が大きくて重くて、結構大変なんですよね。可動部なので耐久性の問題もあるし。

　そこで、複雑で重たいミラーボックス機構を取り去って、光を反射するところにトランスルーセントミラーという、光を透過するミラーを入れました。ミラーといっても、実際は薄い膜なんですけれども。

　これによって、レンズから来た光を、イメージセンサーとオートフォーカス（ＡＦ、自動焦点）センサーに行くように分けるんです。そしてイメージセンサーから得た画像を電子ビューファインダー（ＥＶＦ＝Electoronic View Finder）に映す。こうすることで、常にＡＦセンサーに光が届きます。本体も軽くなり、高速で連写ができて、耐久性もある。これを最初に採用したのが、「α55」と「α33」です。

――面白い。デジタル一眼レフとミラーレスの中間みたいな感じです。

石塚　ご記憶にないですか。

――当時はレンズ交換タイプにあまり興味がなくて、すみません。

石塚　いや、今だから言えますが、デジタル一眼レフのαシリーズは06年から始めて、このように様々な取り組みをしたんですけれど、正直鳴かず飛ばずで、ずっと赤字続きだったんです。一方で最初にお話ししたように、コンデジのサイバーショットがＷシリーズを

トランスルーセントミラー搭載機の仕組み。ミラー（実態はフィルム）は固定され、光のほとんどはイメージセンサーに、一部がAFセンサーに常に届いている。ファインダーは光学式ではなく、ミラーレスと同じで電子ビューファインダー（EVF）。図はソニー提供、カッコ内を編集部で補った

α55（2010年9月）　従来（α550）比で体積で約23％、質量で約26％の小型、軽量化を果たし、AF追従で最大毎秒10コマという、この時点での高級機をしのぐ連写性能を誇る。

中心に売れに売れていた。だから、事業本部としてはソロバンが合っていた。

——そうだったんですか。支えていたのはコンデジだった。

石塚　（レンズ交換式単体で）黒字化するまでずいぶんかかりました。

「ソニー」のデジタル一眼レフ、だから何？

——「カメラ市場の本丸、本格派のカメラを手掛けないと」という強い危機意識があって、コニカミノルタから事業継承までして手に入れたデジタル一眼レフが、うまくいかなかった。その理由はどこにあるのでしょうか。

石塚　もともとコニカミノルタが持っていたシェア以上を取れなかった。ということは、ユーザーの心を動かせなかったんでしょうね。「ソニーがデジタル一眼レフを出した、だから何なの？」と。一眼レフの世界では、ソニーだから売れるということは全然ない。ソニーブランドの値打ちがないので、うまくいかなかったわけですよ。

——コンデジでは個性がブランドにつながらず、本格派に出てみたものの、そこでは「個性がないね」と。使い勝手やレンズ資産の面から、ブランドスイッチが難しい市場でもあり、残念ながらコニカミノルタ時代のαを超えることができなかった。

石塚　そして06年11月に、僕はデジカメ事業の責任者としてＤＩ事業本部長として戻ってきました。

――戦線復帰。で、石塚さんはまず何をやろうとされたんですか。

石塚　「ソニーがレンズ交換式をやるなら、やっぱり、我々の真骨頂の小型軽量路線だろう」と。そしてちょうどこの頃、マイクロフォーサーズ陣営から「ファミリーに入りませんか」と打診が来るんです。

マイクロフォーサーズからの誘い

――マイクロフォーサーズはパナソニックとオリンパス（現ＯＭシステム）が組んで、ミラーを廃したミラーレス方式によるレンズ交換式カメラの小型化を図った規格ですね。ということは、小型軽量という狙いどころは石塚さんと同じじゃないですか。

石塚　そう。

――どうされたんでしょうか。現実にはソニーからはマイクロフォーサーズのカメラは出なかったわけですから、やっぱり断っちゃったわけですよね。

石塚　その通りですが、すぐに断ったわけではないですよ。僕らも「レンズ交換式カメラの小型化をどうやって実現しよう」という議論をしていたので、当然、（マイクロフォーサーズも）選択肢に入れておきたかった。

――実は私もマイクロフォーサーズ規格のミラーレス、オリンパスの「OM-D E-M10」を長いこと愛用していました。めちゃめちゃ小さくて軽いし、写りも決して悪くない。安いし。バランスのいいカメラでした。娘にあげちゃいましたが喜んで使ってますね。

石塚　ですので、マイクロフォーサーズも一緒にまな板に載せて、ソニーのレンズ交換式カメラの小型化路線をどうするか、考えていました。

ファミリーに入るか、独自路線で行くか

――石塚さんはマイクロフォーサーズという規格をどう見ていましたか。

石塚　レンズ交換式ならではの、画質やレンズのボケなどの特徴を維持しながら、小型化を実現できる、バランスの取れたフォーマットだと思っていましたね。一方で、画質や性

能を突き詰めていくなら別の選択肢がある、とも。

――そして最終的にソニーはマイクロフォーサーズ陣営に入らなかった。どういう経緯があったのでしょうか。

石塚　忘れもしません、08年の秋でした。今後3年間の中期計画のブレインストーミングを部内でやりまして。当然、ソニーのレンズ交換式カメラの小型化、イコール、ミラーレス化をやっぱりやらなきゃいけないだろうと。

そのときのフォーマットというか、どういうシステムにすべきか。その1としては、「マイクロフォーサーズをそのまま受け入れましょう」と。その2として、「αの資産とブランドを維持しつつミラーレスに移行して、ミニチュアライズしたのをやりましょう」と。他にもいくつか案があったけれど、現実味があったのはこの2つでした。

――「αの資産を維持」というのは、新しいミラーレスのカメラでも「Aマウント」、つまりこの時点で持っている一眼レフのαのレンズが使えるようにする、ということですよね。

石塚　そうです。繰り返しになりますが僕はVTR出身なので、ベータマックスの失敗という苦い経験がある。まあ、ファミリー参入、フォーマット統一ということについてはいろいろ悩むんです。社内でも激論がありました。フルサイズのイメージセンサー対応のαと、ＡＰＳ－Ｃのミラーレスで、αのレンズ（Ａマウントのレンズ）を共用しようというのは、ＶＨＳ陣営がビデオカメラをつくるときに、ＶＨＳ－Ｃという互換性のある小型カセット規格をつくったのと少し似ている……かもしれませんね。

Ａマウントの資産を生かす

――当時のαシリーズは、イメージセンサーはＡＰＳ－Ｃとフルサイズの2本立てでしたっけ。

石塚　そうです。そしてイメージセンサーの大きさが同じであれば、フランジバック（マウント面からイメージセンサーまでの距離）や、レンズと本体の接点の問題はアダプターを用意することで解決できる。

――だったら、マイクロフォーサーズに比べてＡＰＳ－Ｃのほうが画質的には有利でしょうし、Ａマウントのレンズ資産も生かせるし、オリジナルで新しくミラーレスをつくりたい、ということになった。

石塚　そう。それで08年秋の時点では、まずは「Ａマウントのレンズの互換性がある、ＡＰＳ－Ｃ搭載のミラーレス」というところまでは決まっていた。だけど、資産が引き継げるのはいいけれど、それで他社と差異化できるくらい、小さくて軽くて魅力的なカメラになるかどうか、という問題があるわけですよ。

――そうか。単なる小型化ならイメージセンサーが小さいマイクロフォーサーズのほうが有利だし、それと競争して勝てるのか、と。

石塚　「マイクロフォーサーズでやれば、確実に小さくなるよね」と。でもそれだと、完全に競合と同じ土俵になっちゃう。そして、せっかくコニカミノルタからαの資産を受け継いだのに、マイクロフォーサーズで違うものに乗り換えちゃったら、すべてがムダになっちゃいますよね。だったらまだ、自社開発のほうがいい。

――ただ、Ａマウントのレンズとは別に、ミラーレス専用の小型軽量レンズをつくったわけですよね。

石塚　はい、それが現在まで続いている「Ｅマウント」ですね。一眼レフ用のレンズは大きくて重いので、ミラーレス用には新しいＥマウントという規格を用意して、専用の小型軽量レンズをつくることにしたんです。

――「Aマウントがあるのに、さらにEマウントを追加して、そっちもレンズを揃えるのか？」という、投資の重複を危惧する意見はなかったんでしょうか。

石塚　うーん、正直に言うと、当時考えていたミラーレス商品は、ポケットに入る小さいカメラとして、一般コンスーマー（ソニー社内呼称、コンシューマー）向けだと思っていたんですよ。なので、レンズも標準的なシリーズしか用意するつもりがなくて、フルラインナップまでつくる気はなかったんです。

――えっ、そうだったんですか。じゃ、将来はEマウントがフルサイズのイメージセンサーに対応して、レンズもフルラインナップになるなんて。

石塚　ないない、このときは全然思っていません。

――先を見た戦略の布石がすでにここから！とか期待していたんですが。

石塚　最初の頃のミラーレス開発は、いわばP1やT1をつくったときの「やっちゃえ、ソニー」のノリですね（笑）。

――当初はあくまで、独自のミラーレス用のマウントでやったほうが差異化できるし、アダプターがあれば、Aマウントのレンズも資産になるし、ということだったと。

石塚　だけど当時のαは、ボディが大きいわけですよ。

――それは、ミラーレス化してもでかいんですか？

このままではマイクロフォーサーズに勝てない

石塚　ミラーレスだからもう光学ファインダーはいいよね、と、取っちゃって、とにかくどこまで小さくなるのかを、機械設計のエンジニア、僕らでいうところのメカ屋さんに図面を引いてもらった。そうしたら、これがでかいんです。メカ屋ってやっぱり現実主義者なので、安全確実な図面を引いてくるんですよ。08年にはもうマイクロフォーサーズのオリンパスやパナのカメラが出てくるわけですが、それと比べても、でかいし……。

――カッコ悪かった？

石塚　カッコいい、とは言えなかったかな。でもこれは短期間でラフな検討をして、既存の部品を配置しただけの粗削りなモックアップ、「ラクガン」と呼ぶんですけど、本当に手で削ったものだったんですね。なので、不格好なのは当然だった。

――とはいえ結局、一眼レフからペンタプリズムが取れただけじゃないですか、と。

石塚　そして何だかごつごつしています、と。

――なるほど。

石塚　こりゃ、現実の制約を先に置くのではなく、見た目優先で考えないとダメだな、と痛感しまして、「小さく見えて、カッコいいのを頼む」とデザイナーに依頼したんです。そうしましたら、デザイナーがモックを作って持ってきて、「石塚さん、こんなのができますよ」って。

――それがソニーのミラーレス「ＮＥＸ」シリーズの原型だったわけか。

石塚　デザイナーが、本人が欲しいものを実際に形にして持ってきてくれた感じですね。具体的に言うと、レンズの高さよりボディのほうが低いんですよね。

――あ、確かに。

石塚　これが後のＮＥＸのコンセプトになるんです。その後、デザイナーと話したんですけど、ＮＥＸのデザインのコンセプトって、正面から見ると、長方形に丸が付いていて、丸が長方形からはみ出ているんです。それですべてなんですね。レンズが強調されることで、ボディが極限まで小さくなったことを印象づけている。もちろんこのときはまだブラッシュアップする前だったんですけど、完成形が透けて見えるような感じの粗削りのモックアップでした。

これはモックではなく、初代製品版の「NEX-5」（以下同）

長年こういう商品開発をやっていたので、最初の原型のときに、原石を見て、最終形がぱっと出てくる印象があって、それは「これはいける」ということだ、という確信もあったし、正直言うと半分は「いくっきゃない」というのもあったんですけど（笑）。

困ったときは王道へ

――そこは格好よく決めていただいて全然OKなんですが（笑）。

石塚　ご存じの通り、08年9月にはリーマン・ショックがありました。会社の業績は急降下し、その中でもデジカメ事業は追い込まれていて、αもなかなかうまくいかないし、突破口としてこれに懸けたいと。

例の「ヒットモデル作戦」ですね。「とにかく困ったときにはヒットモデルに集中しよう」というのが我々の先輩から教え込まれた考え方。ど真ん中のヒットモデルをばっと出すということがビジネス再生への一番の特効薬だと。奇をてらうんじゃなくて、とにかく「こりゃ売れる」とみんなが納得できるものに。

いろいろなものを詰め込むけれど、機能を割り切らないで、とにかく小さくつくるというのがソニーの真骨頂なんですけど、「αのミラーレスでそれをやりたいね」とみんなで議論していた。でも、最終的な商品のサイズとかデザインが全然いけてなくて苦しんで「どうにかしてくれ」とデザイナーに基本条件だけ伝えて発注したら、「こんなの作ってみたんですけど」と持ってきた。これいいじゃないか、こいつに懸けてみようと。

――これまで見たことがないし、何よりカッコいいですね。

石塚　カッコいいでしょう。僕もそう思って「これはいいじゃないか」と。そう言ったのが12月の中旬で。ただ、これはモックだから、本当にこれが実現できるのかどうかは、もちろん分かりません。

――そうですね。製品化できるかどうかはエンジニアに確認してもらわないと。

石塚　そう。だけどモックを見た直後に、社長出席の本社トップ会議があったので、このモックを持っていって、「これでやります」と。

——あっ。

直感で「これでやります」

石塚　実はエンジニアに何の了解も取らずに、直感的に決めたんですよ、αのミラーレスはこれだ、って。会議が終わってから、みんなに「もうやるって決めちゃったよ。ついては、10年の6月に発売だ」と。ボーナス商戦に間に合わせるんだぞって決めて、トップダウンで。そこからプロジェクトチームを組成しまして、優秀なエンジニアをがーっと1カ所に集めて、極秘のプロジェクトを始めたんです。

——サイバーショットP1、T1でおなじみの、石塚さんの手口ですね（笑）。石塚さんなりに、実現できるだろうという感触はあったんですか？

石塚　裏付けはあんまりなかった。なかったんだけど、そこは何というか、またソニーのDNAの話になっちゃうんですけど、目標を明確に決めたら、後はエンジニアが何とかしちゃう、というところがあるんですよね。

――明確な目標、といえば、浅野温子さんが宣伝に出ていた「パスポートサイズ」のハンディカムＣＣＤ-ＴＲ55、「カセットテープのケース」サイズのウォークマン、とかですね。広告イメージとしても鮮烈でした。

石塚　自分の経験上では、例のＴ１がそうだったんですね。Ｔ１はそもそもは、「名刺入れの中に入るサイバーショット」というコンセプトだったんですよ。具体的な目標があると分かりやすいじゃないですか。

――もちろんそうですね。

「明確で面白い目標」でエンジニアの心を燃やす

石塚　こういう分かりやすい目標を提示して、「これが実現すれば、自分も欲しい。みんなが欲しいと思ってくれる。みんなが欲しいと思ったらこれは売れる」と確信すると、できるかどうかはさておいて、エンジニアというのはつくりたくなるわけですよ。そういう、エンジニアをその気にさせる、ハートに火を付ける的なことは、ソニーの先輩からも学んだ手法ですね。

　フラットブラウン管のベガ（ＷＥＧＡ）。あれをつくったＮさんという大先輩の役員も本に書いていますけれど、難しいプロジェクトに思わず乗っちゃう雰囲気をつくり出す。パワハラとは真逆の、その気にさせちゃう明るいマネジメント。こういうのがソニーの先輩たちは結構得意なんですよね。そういう人たちの話をいろいろ聞いていて、僕も勉強になっていたので、ある意味先輩のまねをしているだけなんですけど。だからそのＴ１のときもそうでしたし、ＮＥＸのときも。

――例の「こだわり・わりきり・おもいきり」で説明していただくとどうですか。

石塚　「こだわり」はもちろん、ボディの極限までの小ささですね。「わりきり」は電子ビューファインダー（ＥＶＦ）とストロボの内蔵を諦めました。「おもいきり」は、開発がスタートする前に、発売日6月10日を決定したことかな（笑）。

――思い切ったスケジュールだったと。

石塚　設計にこれだけかかるよね、と積み上げて出したスケジュールじゃなくて、ボーナス商戦期前に合わせる〝ビジネスの必然性〟から決めたことでした。これもソニーの伝統芸的な、ＤＮＡに入っている雰囲気づくりですね。

製品化されたNEXを見ても「正面から見ると、長方形に丸が付いていて、丸が長方形からはみ出ている」ことがよく分かる。本体の薄さも大きな特徴

——雑誌の編集部でもそういう乗せ方がうまい編集長がいましたよ。ふと気が付くといつの間にかめちゃめちゃ働いているぞ、俺、という。

石塚　あ、そうだ、思い出した。モックアップをデザイナーが持ってきたのは、本当に社長との会議の数日前だったんですよね。そうだ、クリスマスイブだった。

社長にプレゼンした後に品川の店で飲みながら「これはいけるよな」と改めて思って、新大阪で飲んでいた設計部長のUさん、そして例のαを引っ張ってきたKさんの携帯に電話しました。「あのさ、先日見せたあれ、あれどう思う？　あれでやっちゃっていいかな」と言ったら、Kさんが「いいっすよ、というか石塚さん、もう言っちゃったんでしょ」と。

——お見通しで（笑）。というか、Kさんもやりたかったんでしょうね。

石塚　「そう、社長に言っちゃった」と（笑）。部下には事後承諾というか、「もう言っちゃったからやろうよ」という感じで。事業目標も決めてね。

——なし崩し的に雰囲気が盛り上がっていくという。

石塚　そうすると、デザイナーがもっとカッコいいデザイン画とかスケッチ、もっときれいなモックアップを作って持ってきてくれる。みんなも、「おおーっ」という感じになって、「本当に部品が入るかどうか分からないけど、やりましょうよ、何とかしましょう」と盛り上がってくれた。

――そうでしょうね。「これができたら売れるよ」と思えるものに対して頑張るって、かみ合った気分になるというか、やる気も出ますよね。

発売を見届けずに異動

石塚　09年の3月までかけてコンセプトを固めて、担当する部署をつくり、4月に設計が始まったと思います。このプロジェクトのためにサイバーショットの設計部長をプロジェクトリーダーに連れてきました。

　このカメラのキモは撮像素子、イメージセンサーだと思っていたので、Ｔ１のところで出てきたセンサーの事業責任者で口の悪い先輩、Ｓさんに、「ＣＭＯＳセンサーで、画素数はこれこれで、フルＨＤ動画が記録できるイメージセンサーを、発売に間に合うように開発してくれないか」と頼み込んで「よっしゃ、男気でやってやる」と快諾してもらいました。

　そして担当者をアサインして、商品のカタログやマニュアル、キャッチコピーを先にラフなもので用意しておいて、「これで行ってくれ！」と。

──なるほど、それで？

石塚　そうしたら、何の因果なのかその直後にまた僕は異動になりました（笑）。ＮＥＸが発売になったとき、僕はデバイス事業担当で、バッテリーを他のメーカーさんに売り込んでいました。

──えーっ?!

COLUMN

一眼レフデジカメとミラーレス（その1）

レンズ交換式カメラの「一眼レフデジタルカメラ（デジイチ）」と「ミラーレス（ミラーレス一眼）」は、外見はほぼ同じものが多い。ソニーの「α7」「α9」「α1」などの一桁シリーズも「軍艦部」を持つ、クラシックな一眼レフのスタイルをしている。

両者の差は文字通り「ミラー」の有無だ。ここで言うミラーとは、レンズから入ってきた光を反射し、方向を変える機能を持ち、「レフレックス」とも呼ばれる（一眼レフのレフはここに由来）。デジタル一眼レフはフィルム時代の一眼レフと同じ仕組みで、フィルムをイメージセンサーに置き換えたものだ。ミラーを使って光を光学ファインダーに送り込み、一部をオートフォーカス（AF）センサーに分配する。シャッターを切ると全ての光がイメージセンサーに行くのでファインダーは暗転する。

ミラーレスは光をそのままイメージセンサーが受け、その信号を電子ビューファインダーが表示する。レンズ交換をしないコンパクトデジカメもこれと同じ仕組みだ。

両者を比較する簡単な図を160ページに掲載したので、参照していただきたい。

この章で語られたのは一度目のミラーレスへの挑戦

本書の内容を理解するために最低限必要な点を整理しておこう。

デジタルカメラには、レンズの交換ができない「一体型カメラ（コンパクトデジカメはこれ）」と、レンズを取り替えられる「レンズ交換式カメラ」があり、レンズ交換式カメラには「デジタル一眼レフ」と「ミラーレス」がある。

ソニーは一体型カメラ（コンデジ）のサイバーショットで戦ってきたが、この第4章の冒頭で触れた通り、コニカミノルタのカメラ部門の事業継承で「デジタル一眼レフ」を戦力に加えた。

しかしキヤノン、ニコンというこの市場の二強を崩せず「ミラーレス」のレンズ交換式カメラで改めて勝負を挑む。その一度目が第4章の中程で語られた、APS-Cのイメージセンサーを積む「NEX」シリーズだ。二度目はこのあと登場する、フルサイズのイメージセンサーを積む「α」の一桁シリーズだ。イメージセンサーについては66ページのコラムをどうぞ。

第5章

ソニー初のミラーレス「NEX」、ヒットと残された弱点

戦線復帰したら言われた「ソニーのデジカメはこのままじゃダメだ」

――2008年末、「ソニーの真骨頂は機能に妥協しない小型軽量」だと改めて実感し、デザイナーのひらめきで、それを形にするミラーレスのデザインも手に入った。ボスにプレゼンしてOKをもらい、あとはエンジニアが商品化するだけ、男気の先輩Sさんが、「よっしゃ、石塚の欲しいイメージセンサーを必ずつくってやる」と言ってくれた。担当者が決まり、カタログのダミーまでつくって、そこで異動、ですか。

石塚 09年の6月に、リチウムイオンバッテリーなどの事業に転出（デバイスソリューション事業本部長に就任）しました。

――08年は、振り返ってみれば9月にリーマン・ショックがあって、ソニーも08年度（09年3月期）は営業赤字に転落しています。多かれ少なかれ、どの企業もどちらに向かうべきなのか確信が持てず、方向性を見失っていました。

石塚 そうです。ソニーも非常に混乱していた時期でした。あれこれの事情が錯綜し、私は「デバイス事業本部の立て直し」を命じられて、デジカメの部門（ＤＩ＝デジタルイメージング事業本部）から出ることになった。

本人は案外さばさばしてました

――逆襲の一手が結果を出す前に部署を離れることに、悔しさはありませんでしたか。

石塚　そう聞かれたら「悔しくなかったわけはない」と言うところなんですけれど（笑）、αのミラーレスの立ち上げの仕込み、アイデアの一応の決定とプロジェクトチームの編成は全部お膳立てできましたので、それで任せて出たんです。

ですので「前年に過去最高業績も出せたし、カメラの事業責任者としてやることはやり切った」という感じでしたね。

――案外さばさばと？

石塚　バッテリーの事業は将来性があると思っていましたから、「企業相手の仕事も面白そうだな」と。割と前向きでしたね。また（カメラに）戻るとはまったく思っていなかったです。本当に。

NEX-3（2010年6月）　06年の参入以来、レンズ交換式カメラで突破口を見いだせなかったソニーがついに放ったヒット作。小型軽量と画質を高い次元でバランスさせた

ソニーの個性で市場の空白を突いた

――異動されて1年後の10年6月に、ソニーのミラーレス「NEX」シリーズ第1弾の「NEX-3」「NEX-5」が発売され、ヒット商品となりました。

石塚　お話ししたとおり、僕は種まきをした後、デバイスソリューション事業本部に異動していたので、詳しいことは分かりません。事実としては、NEXはすごく売れました。10年度の「CEOアワード」をもらうくらい。

――ミラーレス参入に際して、マイクロフォーサーズ陣営からの誘いを断って、自社開発で成功した。その最大の理由は何でしょうか。

石塚　やっぱり「このサイズでこの機能!?」という、ソニーらしい、ソニーにユーザーの方々が期待している〝驚き〟を素直に提供できた、ということだと思いますよ。そしてそれが見ただけで伝わるデザインをつくりだし、製品で実現できた。

――小型化を突き詰めていったらレンズの高さがボディからはみ出してしまった。これをデザイン的に上手に美しく仕上げることで、本体の薄さ、小ささが強調できた。見れば「なんかこれまでのと違う」と、すぐ気付く。

石塚　そう、まず、文句なく小さい。でも画質に関わるイメージセンサーはＡＰＳ－Ｃだから、マイクロフォーサーズより大きくて画質的には有利なわけです。

――小さいから画質を我慢しろ、というわけじゃない。

石塚　ＮＥＸシリーズは「Ｅマウント」という、現在も使っているミラーレス用のマウント（レンズとカメラ本体を接続する部分）を新規に開発しました。レンズも新しくつくっていかないといけませんが、これは他社さんも同じで、ミラーレス用ならではの小型軽量なレンズは、どこも新規開発せねばなりません。

――マイクロフォーサーズでアライアンスを組み、ミラーレスを開発したオリンパスとパナソニックは、お互いのレンズが使える、というメリットがありましたが。

石塚　我々は、αシリーズで蓄積した「Ａマウント（イメージセンサーはフルサイズとＡＰＳ－Ｃの両方がある）」用のレンズ資産を、アダプターを介して使うことができました。ミラーレス専用ではないので、Ｅマウントのレンズに比べれば大きく重いですが、画質は優れています。

――そして当時、レンズ交換式カメラで2強のキヤノン、ニコンは、デジタル一眼レフが強い分、ライバルになりかねないミラーレスには消極的でした。ＮＥＸシリーズは個性があっただけでなく、市場の空白をうまく突いたところもありますね。石塚さんは去りましたけれど、デジカメ部隊は一息つけたと。

石塚　ただ、ソニーに限らず当時のミラーレスには大きな弱点もあったんですよね。

――弱点。それは？

「ミラーレスはピント合わせが遅い」

石塚　オートフォーカス（ＡＦ）です。デジタル一眼レフとミラーレスの構造からくる話なんですけど、ミラーを使ってイメージセンサーとファインダーに光を切り替えることができるデジタル一眼レフは、実はミラーの中央部からＡＦ専用のセンサーにも光を分けて、シャッターを切る直前までピントを合わせ続けることができる。だからピント合わせが速いんです。

――ミラーレスは文字通り「ミラーがない」から、光を全部イメージセンサーに送るわけですね。別途、専用のＡＦセンサーを設けることができない。ではどうやってピントを合わせているんでしょうか。

石塚　当時はコンデジと同じように、コントラストＡＦを使っていました。簡単に言えば、ピントが合っていない画像はぼんやりとしてコントラストが低いけれど、ピントが合うと明暗がくっきりして、コントラストが高くなりますよね。イメージセンサーの画像を読み出して、画像処理エンジンがそれを見ながら、コントラストが一番高いところで、「ピントが合った」と判断する。

――人がマニュアルでピントを合わせるときにやっていることと同じですね。これだと何がまずいんでしょうか。

石塚　まず、ＡＦ専用のセンサーではなくて撮影用センサー画像の情報を一度全部読み出

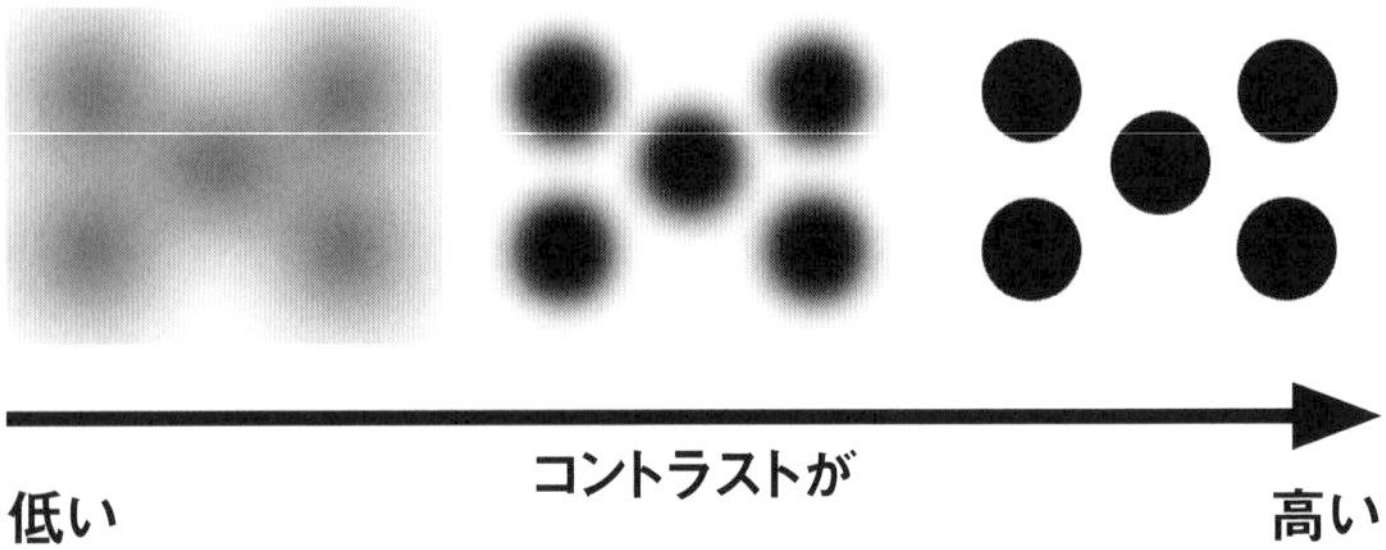

画像は極端に言えば微細な点の集まり。ピントが合えば「点」に見えるが、合っていないとぼんやりした「円」に見える。ピントが合っていない円の状態では、円どうしが重なり合って、明暗の差が小さくなる（コントラストが低くなる）。点になれば重なりがなくなって、コントラストが高くなる

してから、画像処理エンジンが「コントラストが高い、低い」と判断するので、処理に時間がかかる。さらに、そこから「遠近どちらに動かせばピントが合うのか」は、一度レンズを動かしてみないと分からない。

――えっ？

石塚　遠過ぎてピントが合っていないのか、近過ぎて合っていないのかは、どちらかに動かさないと分かりませんよね。そして、一番ピントが合ったところがどこなのかは、一度「行き過ぎて」コントラストが下がることで初めて分かるわけです。

――一度行き過ぎて「ああ、ここだった」と戻るわけですね。一眼レフのＡＦセンサーはコントラストＡＦではないんですね。

石塚　ソニーを含め大半のメーカーは「位相差検

出ＡＦ（以下位相差ＡＦ）」というのを使います。こちらは「遠近どちらにずれているか」も検出できるので、動作が速いんです。

――しかもピント合わせ専用のセンサーを付けて、ぎりぎりまで追い続ける。

石塚　普通に撮る分にはそれほど問題にはなりませんが、動きがあるものを撮るときは「ミラーレスはフォーカスが遅い」という弱点は明白でした。

――なるほど。それはマイクロフォーサーズでも、ＮＥＸでも。

欠点の解消には「像面位相差ＡＦ」が必要

石塚　最初の頃は遅かったと思います。画像処理速度の向上や様々な工夫でどんどん改善はするんですけれど、「ＡＦの速度では、ミラーレスはデジタル一眼レフにはかなわない」というのが定説でした。

この欠点は当初から分かっていましたので、「像面位相差ＡＦ」、社内用語で「ＺＡＦ」というんですけれど、イメージセンサー（像面）に位相差ＡＦのセンサーを埋め込む技術の開発が、08年の前半くらいからだと思うんですが、イメージセンサーの部隊と一緒に始まりました。

――イメージセンサーにＡＦセンサーを入れ込んでしまうわけですね。なるほど。でもそうなると、その分、画像を記録するための画素が減ることになりますか？

石塚　減るというより、その箇所の画像が欠けてしまうのですが、数千万画素のうちせいぜい数百画素だけなので、10万分の1＝0・001％程度。補完技術でその影響が出ないようにするわけですね。

――調べてみますと、ＣＣＤによる像面位相差ＡＦ搭載のコンパクトデジカメが発売されたのは10年、富士フイルムからでした。ＣＭＯＳセンサーのミラーレスでは、11年にニコンが1型サイズのＣＭＯＳに像面位相差ＡＦを搭載した「Ｎｉｋｏｎ 1」を発売しています。最初にソニーから像面位相差ＡＦ（以下ソニー製品の場合は「ＺＡＦ」）を積んだカメラが出たのはいつでしょう。

石塚　実は最初に仕込んだのは「ＮＥＸ－５」（10年）だったのですが、性能が出ず断念しまして、12年11月の「ＮＥＸ－５Ｒ」「ＮＥＸ－６」が初搭載となりました。

そこから徐々に開発が進み、性能がよくなってきて、14年の「α６０００」から劇的にＡＦの性能が改善するんですよ。この時点ではまだＡＰＳ－Ｃサイズでしたが、こうした

NEX-6（2012年11月）　この機種の発売に半年ほど先駆けて、石塚さんはデジカメの部隊に復帰している。ちなみに5Rは無線LAN機能を内蔵し、カメラ内アプリに対応した機種

ブレークスルーが続いて、ＺＡＦ対応のフルサイズイメージセンサーが出てくるわけです。

――今やソニーだけではなく、キヤノンもニコンもミラーレスを主戦場に移し、同じ方式のＡＦを使っているわけですね。

石塚　そうです。でも当時は、ミラーレスがオートフォーカスの速度や信頼性で評価を高めて、最高峰のデジタル一眼を抜くとは、たぶん誰も思ってなかったでしょう。

　ここからソニーのレンズ交換式カメラの話が二股に分かれます。一つは今お話ししたミラーレスのＮＥＸ。レンズマウントは新たに開発した「Ｅマウント」、搭載するイメージセンサーはＡＰＳ－Ｃサイズです。

もう一つは、コニカミノルタから継承した一眼レフ系のα。レンズマウントは「Aマウント」。10年8月に出した「α55」以降は、デジタル一眼レフの特徴であるミラー（鏡、レフレックス）を「トランスルーセントミラー」という光学フィルムに置き換えたモデルになっています。

――トランスルーセントミラー搭載機は一眼レフよりも小型軽量、でもミラーレスほどではない。

石塚　Aマウントのレンズ資産を使えて、AFも高速で、従来機より小さくて軽い。ソニーの技術とコニカミノルタの技術の融合だ、と、社内ではとても有望視されていたのですが、残念ながら期待したほどは売れませんでした。

タイの水害で工場がダメージ

――NEXというミラーレスのEマウント機が新市場を開いた。けれど、レンズ交換式カメラの主流は一眼レフであることは変わりませんでした。

石塚　そうですね。そしてそんな中、11年3月に東日本大震災が起こります。そして7月

NEX-7（2012年1月）+ E18-55mm F3.5-5.6　マニュアル操作を意識した2つのコントロールダイヤル、そして従来の倍近い約235万ドットの有機ELディスプレイによる精細な電子ビューファインダー（EVF）を搭載。小型軽量はそのままに、デジタル一眼レフの世界への接近を狙ったモデル

にタイのチャオプラヤ川で水害が発生し、これが長引いて10月にカメラの工場に大ダメージを与えました。予定していたモデルの発売が大幅に遅れてしまいます。

「NEX－7」も当初は11年10月予定でしたが、12年1月にずれ込みました。NEXの中では上位モデルで、マニュアル機能も、電子ビューファインダー（EVF）も高画素なものが付いている。これはこれで一定の評価を受けることができました。

――イメージセンサーは共通とはいえ、もともとAマウントがあったところにNEX＝Eマウントの登場で、2種類のマウントが並行して開発・販売されている状況になった。これって、たぶん事業としての効率はよくないですよね。

石塚　研究費だってダブルでかかりますからね。

――内部でも「どっちが主役なんだ」と競争心が芽生えそうです。

石塚　これはちょっとありましたね。Ａマウントは、コニカミノルタ出身の人はもちろん、ソニーでも「カメラ好き、写真好き」な人からの強い支持がありました。「ちゃんとした写真を撮るときはやっぱりＡマウントだよね」という。ＥマウントはＥマウントで、「何を言っているんだ、ソニーらしい小型軽量はこっちだ」と。対立とまではいきませんが、信じているものがお互いすこし違う、というね。

　そしてそんなデジカメ部門に、また僕が戻ってくるんです。（12年4月、ＤＩ＝デジタルイメージング事業本部長就任）

――お帰りなさい（笑）。しかし、何度もお呼びがかかるものなんですね。デバイス事業に異動された際は「もうカメラでやり残したことはない」と思われた、とおっしゃっていましたけれど、振り返ってみていかがでしたか。

石塚　ＢｔｏＢの仕事はとても面白かったですよ。小型リチウムイオンバッテリーを海外の携帯電話メーカーへ、開発中のＥＶ向けをクルマのＯＥＭメーカーやＴｉｅｒ１（一次請けメーカー）に売りこむため、世界中を飛び回っていました。一方で「やっぱりSONYを冠するブランド製品の事業が自分のやりたいことだったのかな」と思うところもあって、上の意向はともかく、気持ちとしては、正直渡りに船ではありました。

――じゃあ、意気揚々と。

石塚　とんでもない。

――へ？

電池の商売相手だったスマホ、今度はデジカメの強敵に

石塚　デバイス部門でバッテリーの外販の仕事をしていると、「どの業界が勢いがあるか」がよく分かるんですね。そして、12年に入る頃には、これから何が売れるのか、はっきり見えていました。

――ええっと。

石塚　スマホですよ。スマホが猛烈な勢いで伸びていることが痛いほど感じられました。

――ああっ、そうか！　スマートフォン。そして、スマホに市場を奪われたのは携帯電話

だけじゃなくて。

石塚　そう。コンパクトデジカメです。

――バッテリーを売る立場にいた石塚さんは、「どんどん売れるから、ソニーさんのバッテリー、どんどん持ってきてよ」と言われてきたわけですね。

石塚　そうなれば、「ソニーのデジカメ事業を支えていたＣａｓｈ Ｃｏｗであるコンデジのサイバーショットが、これから大変なことになるだろう」というのは、十分想像が付くわけです。

――伸び盛りのスマホにバッテリーを売っていたら、そのスマホと戦う現場に戻されるのか、と。うわあ。

石塚　12年4月に戻った当初は兼務でしたが、6月にデジタルイメージング事業の専任になって、さて、どうするかと。

――この年の6月に、現在もシリーズが続く高級コンデジ「ＲＸ１００」シリーズ初代が発売されていますね。10月には、Ａマウントの新たなフラッグシップ機「α99」が登場しています。ＥマウントのＮＥＸシリーズは、「ＮＥＸ-５Ｒ」「ＮＥＸ-６」が11月に発売と、もれなくタマを打ち続けてる感じですが。

石塚　この年に出てくるカメラは前の年までに決まっているので、僕はあまりタッチしていないんです。まだＮＥＸは売れていました。いましたが、競合も出てきて、こちらもカラバリとか女性向けとかで対抗するようになり、だんだんコモディティー化しつつありました。

　Ａマウントのフラッグシップ機、α99はフルサイズセンサーを搭載しています。フルサイズのイメージセンサーとしては初めてＺＡＦが付いた機種になりました。

――イメージセンサーの表面にオートフォーカス＝ＡＦのセンサーが入っているヤツですね。これはトランスルーセントミラー搭載機ですから、専用のＡＦセンサーもある？

石塚　そうです。もともと付いていたＡＦセンサーと合わせて、より高速で精度が高い合焦ができるようになりました。

――α99はデザイン、性能とも、いま見てもなかなか魅力的です。

石塚　はい、これも大変な力作なんです。だけど残念ながら売れませんでした。

――だんだん気の毒になってきました……。

石塚　ＥマウントのＮＥＸも最初はよかったんだけれども、ちょっと迷走を始めつつあったところでした。片や、Ａマウントは入門機から上位機種までフルラインナップをちゃん

DSC-RX100（2012年6月） コンパクトデジカメとしては大型の1.0型イメージセンサー、ポケットに入るサイズ、F1.8の明るさかつ光学3.6倍ズーム（28-100mm）、豊富なマニュアル設定、そして本格派のカメラを感じさせる重厚なデザインで、サイバーショットがずっと課題としていた高価格帯の攻略についに突破口を開いた。外観はほぼそのまま後継モデルがつくられ、23年3月現在ソニーストアでRX100M3、M5A、M7が販売中

α99（2012年10月）+ Vario-Sonnar T＊ 24-70mm F2.8 ZA SSM α900の座を引き継ぐ、トランスルーセントミラー搭載機の旗艦。19点（クロス11点）位相差AFモジュール（AF専用センサー）と、102点のZAFを組み込んだフルサイズのイメージセンサーが積まれ、これらが同時に作動する「デュアルAF」を搭載していた

とやっていましたが、シェアが取れない。そして開発費はダブルでかかる。

コンデジはＲＸ１００でようやく差異化の方法が見えてきたので、これは力を入れていくことにしていました。けれど、数が出る普及価格帯はスマホの台頭で早晩市場が急速に縮むと、自分の中では想像していました。

——正面から氷山が迫ってくるけれど、右も左も霧でどっちに船を進めればいいのか、みたいな。これはしんどい。

石塚　しんどいですよね。そして忘れもしない、12年の11月14日。

——はい、11月14日。

石塚　私の誕生日なんですけどね。

——あれ？

誕生日に発破を掛けられる

石塚　その日に、たまたま社外のアナリストの方と会食をしていたんです。そこで、ソニーのデジカメについて率直な意見を求めたら「外から見ていると、石塚さん、これ、この

ソニーのデジタルカメラ出荷台数（全世界）

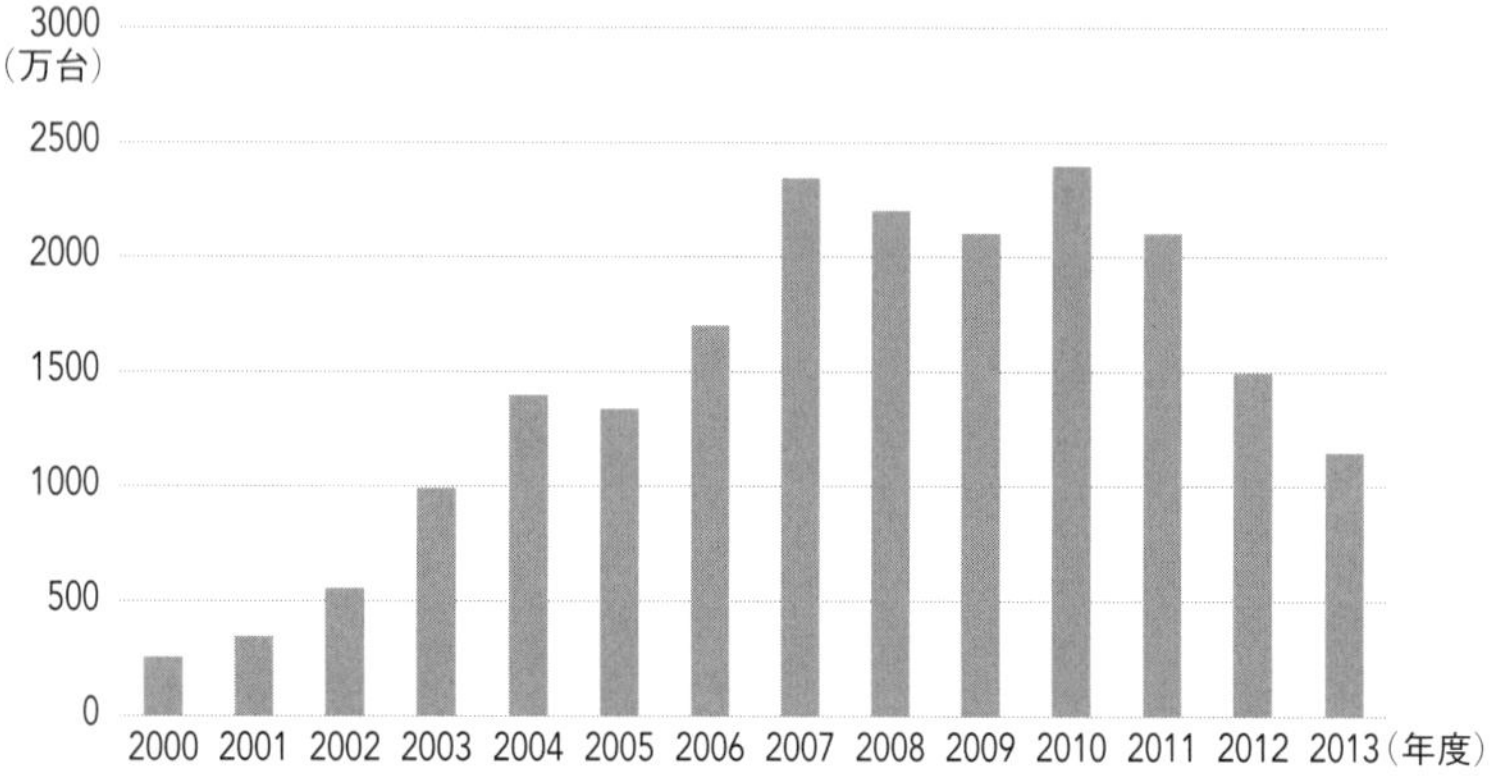

出所：ソニーグループ

ままじゃレンズ交換式で１番になれないどころか、そのうちつぶれちゃいますよ。持ちませんよ」って、結構脅されたというか、発破を掛けられたわけです。

「期待を込めて言うんですけれども、このままじゃ絶対だめですよ。早く何かやった方がいい」と言われて。具体的に何をやれ、というアイデアは当然ないんですけどね（笑）。

――でも、内心石塚さんが感じていた危惧が、外部の人によって言語化されて、突きつけられたわけですね。ぐさっときますね。

石塚　そう（笑）。こうして覚えているのは日記に書いてあるからなんですが、それくらいぐさっときました。でも、確かに、

EマウントのNEX系の勢いが落ちてきて、Aマウントは収益に貢献できていない、コンデジは近いうちにスマホにやられる、ということは、「現状維持は悪手だ」ということははっきりしています。実際、12年度（13年3月期）から出荷台数は急激に減り始めます。

――恐ろしいくらいの急落ですね。

3つの事業、どこに集中すべきか？

石塚　これはまずいよねというので、幹部を集めて、中期計画の会議をやりました。当時、事業ユニットは3つありました。ハンディカムとサイバーショットとαです。

――Eマウント＝NEXはαの事業ユニットにいたのでしょうか。

石塚　ですね。事業部としてはハンディカムとαは一緒でしたので2つなんですが、事業としては3つが並行していたわけです。

ハンディカムは、1985年に始めたので、すでに27年たっています。サイバーショットも初代が96年ですから、16年くらいたっていて、だんだん、だんだん、減衰していくわけですよね。だけど、事業ユニットとしては自分の新しい商品をどんどん、どんどん、それぞれ開発するわけですよ。それで全体のリソースがどんどん、どんどん、足りなくなる。

——まずそれぞれの事業の現状を維持することが先に立って、全体を動かす余力が残っていない。舵《かじ》を切ろうにもエンジンがもう回らない。で？

石塚　ここで決めたのは、事業ユニットは縦割りのままなんだけれども、開発系はプラットフォーム化して全部横串にして、人を流動的に動かせるようにしたことです。そして、そう変える目的は、「これから伸ばせる可能性がある分野に開発を集中しよう」ということですね。

——なるほど。

5年以内にレンズ交換式カメラでナンバーワン！

石塚　そして、「集中するとしたら、それはαの事業でしょう」と。そう決意しました。だんだん飽和したり、縮退していく事業はもうあんまりフォーカスしないで、リソースを思いきりαにシフトしようと。13年の始めに、その方針説明と、組織変更をやりました。ただ、組織図をいじっただけでは会社って変わらない。

――それもよく分かります。どうされたんですか。

石塚　思いきり高いハードルというか、ゴールを設定して、「このためにみんなでやるぞ」と、気合を込めて宣言しました。

――どんな目標を……。

石塚　「5年以内にソニーのαが、レンズ交換式カメラでナンバーワンになるぞ」という目標宣言をしました。「A1プロジェクト（アルファ・ナンバーワン・プロジェクト）」と名付けて、13年の4月にキックオフしたんです。

――レンズ交換式カメラで、ソニーがナンバーワンになるぞと。

石塚　そうそう。

――でも、3つの事業の中で、一番うまくいっていないところじゃないですか。

石塚　そうですよ。

――なぜ、「ここだ」と思ったんでしょう。じっくり聞かせてください。

COLUMN

デジタル一眼レフとミラーレス(その2)

●デジタル一眼レフの仕組み

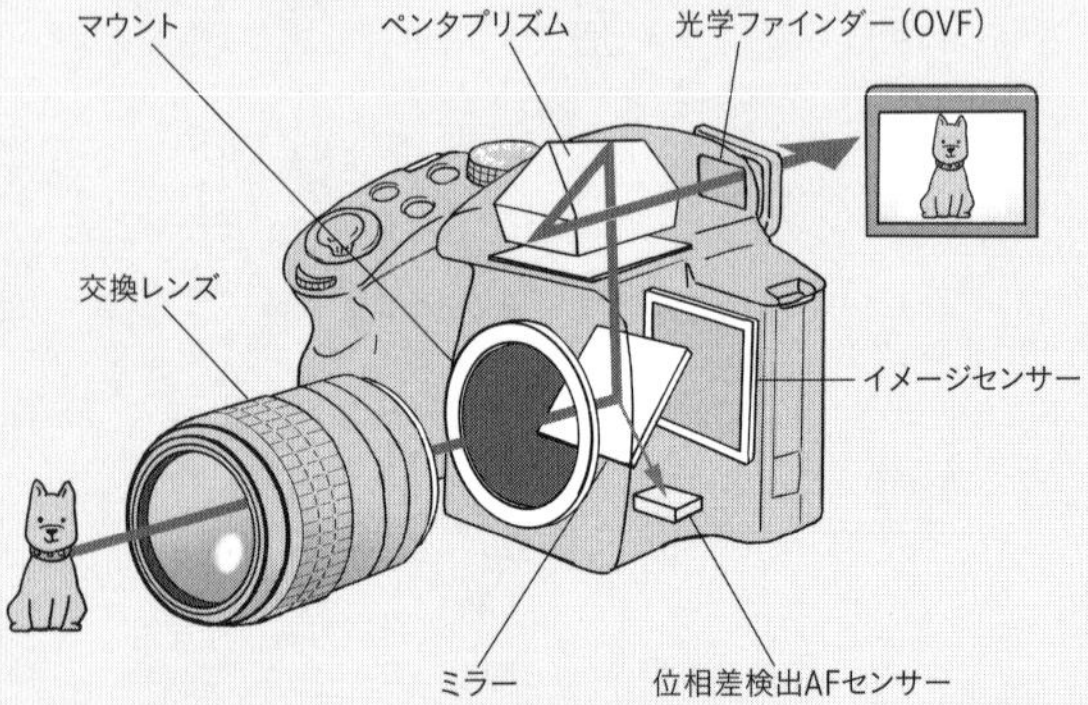

一眼レフはミラー(レフレックス)でレンズから来た光を光学ファインダーとAFセンサーに送り、シャッターを切るとミラーが跳ね上がってイメージセンサーに光が届く。ミラーとその制御のメカニズム、光学ファインダー用の大きなプリズムなどが必要でサイズが大きく、重くなる。背面に液晶ディスプレイを備えているが、これは基本的には撮影した画像を確認するためのもの。液晶ディスプレイをファインダーとして使う(ライブビュー)こともできるが、その場合は光学ファインダーが使えない(ライブビュー用のイメージセンサーを別に搭載して、併用を可能にしたモデルもある)

●ミラーレスの仕組み

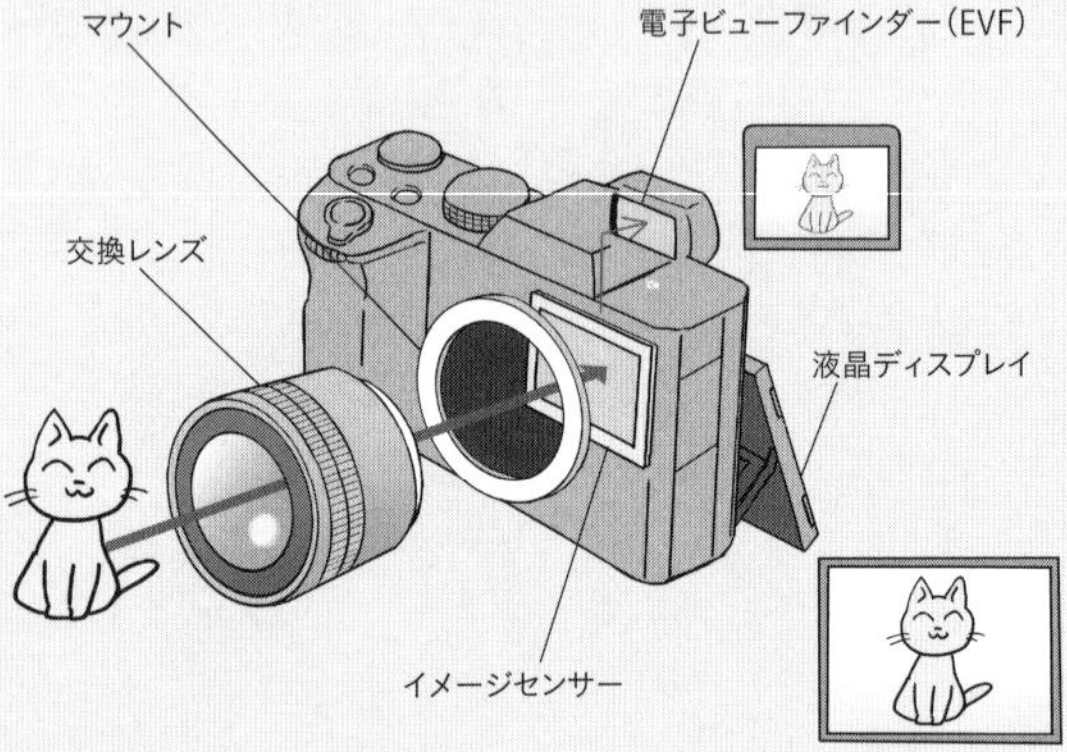

ミラーレスはその名が示すように「ミラー」を持たず、レンズからの光が直接イメージセンサーに届き、その信号を液晶ディスプレイや電子ビューファインダー(EVF)に表示する。従来のコンパクトデジカメと基本的には同じだが、レンズ交換が可能なことと、より大型のイメージセンサーを搭載することで、性能を向上させている

イラスト:藤井龍二

第6章

「写真」を撮るカメラでは、ソニーは〝弱者〟だった

ソニー逆転への布石、レンズもAFもじわじわ進化

――２０１３年当時、ソニーのデジタルイメージング事業本部には、レンズ交換式カメラのα、コンパクトデジカメのサイバーショット、そしてハンディカムと3つの事業ユニットがあったけれど、石塚さんは「αに戦力集中」を宣言して、「5年以内にソニーのαが、レンズ交換式カメラでナンバーワンになるぞ」という目標宣言をしました。名付けて「A1プロジェクト（アルファ・ナンバーワン・プロジェクト）」。

石塚　13年の4月でした。付言しておくと、サイバーショットも高級機のＲＸシリーズにリソースを集中投入していきます。

――ありがとうございます。さて、今思えばレンズ交換式カメラへの戦力集中は大正解だったわけですが、当時、どうして「αに集中だ」とお考えになったのでしょうか。

石塚　まず、お話しした通り僕は09年にデバイス事業に出て、電池のビジネスを通して「スマートフォンがとんでもないことになっているぞ」と知りました。このままじゃデジカメ

全世界のデジタルカメラ種類別出荷台数（2007〜16年度）

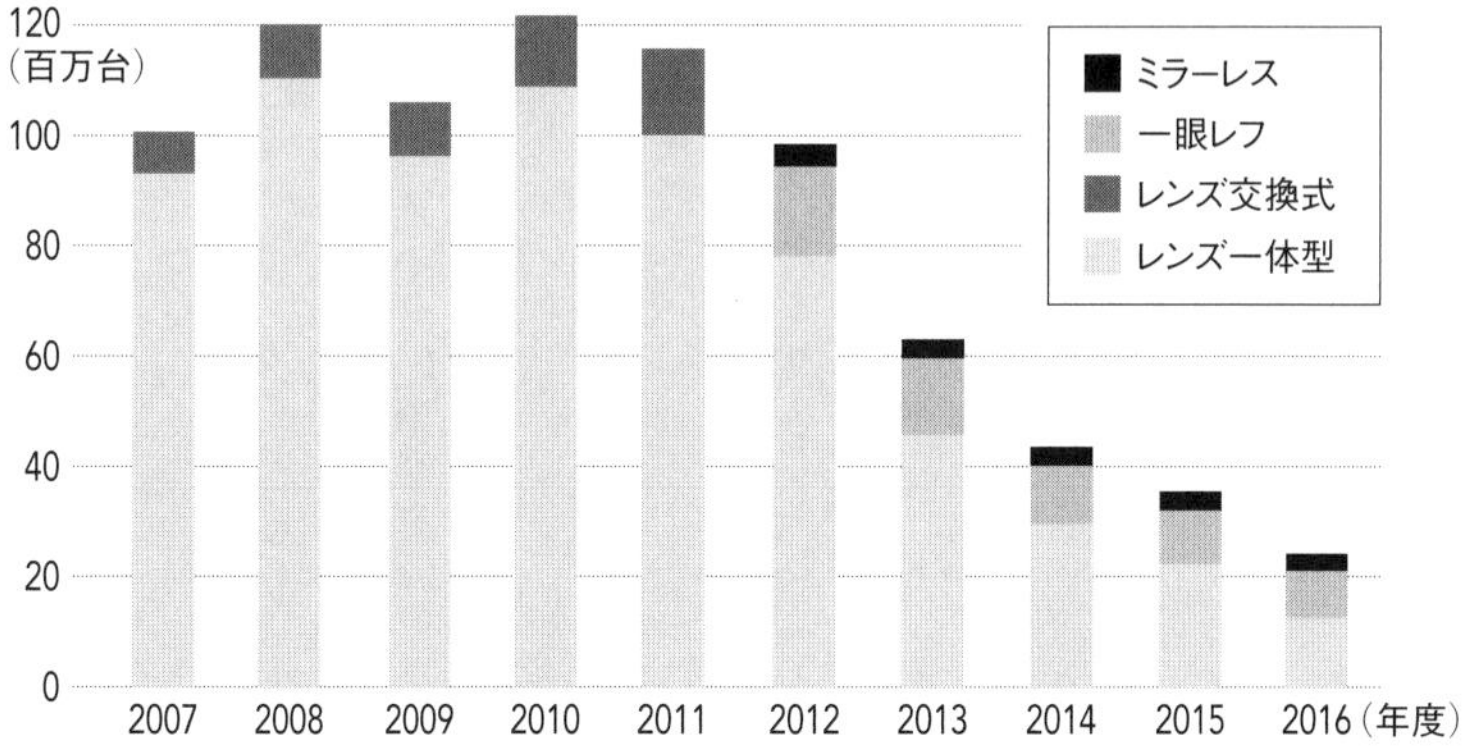

最大市場だったレンズ一体型のコンパクトデジタルカメラの出荷台数が2011年からスマートフォンに喰われて急減していく
出所：CIPA

が食われちゃうのは間違いない。いや、12年当時すでに食われ始めていた。

　だから、土俵を変えたほうがいいと思った。その先としてαがあった。レンズ交換はスマホにはできないですから、差異化もできる。ポテンシャルがあるよね、と。

――ポテンシャルというのは、具体的には。

石塚　プロ、ハイアマチュア向けのレンズ交換式のカメラの市場までスマホが来るのは相当先でしょう。そしてレンズ交換式カメラは一般コンスーマー向けにも伸びる期待がありました。もちろん、単価も高い。

　もともと大手2社が非常に強かったアナログの一眼レフって1000万台規模だったんですけれども、デジタル化で市場が伸びて当時で2000万台ぐらいになっていたんです。そこが、上位メーカーに独占されていたわけですよね。「市場はある。ソニーのシェアがないだけだ」と。少なくとも隣にまだ芝生の青いところがある以上、まずそこに行こう、というシンプルな発想があった。

──シンプルではありますが、大胆ですよね。デジタル一眼レフ（デジイチ）は06年4月のコニカミノルタの事業継承以来、苦節7年、キヤノン、ニコンの分厚い壁に阻まれ続けてきました。10年からNEXでミラーレスの市場を開拓したとはいえ、レンズ交換式カメラの中心は依然としてデジイチだった状況で。

アサヒビールができた。ソニーだってやれる

石塚　低いシェアなのに5年後に1番になろうなんて、とんでもないことをなぜ考えたのかというと、一つは起死回生を図るからには、このぐらいやらないとダメだろうなということです。じゃあ、できるかというと、「やってできないことはないだろう」と。

もう一つ、12年11月に出した「フルサイズセンサー」搭載のレンズ一体型コンパクトカメラ「RX1」が、高い評価を得たことも自信につながっていました。

DSC-RX1（2012年10月）　世界で初めてフルサイズセンサーを搭載したレンズ一体型コンパクトデジタルカメラ。13年のカメラグランプリをソニーとしてカメラ本体で初めて受賞した

――デジタル一眼レフの上位機種に使う当時最高峰のセンサーを、コンパクトデジカメのサイズに入れた。これすっごく高いやつですよね。だけど、人気は頷けます。

石塚　まずサイバーショットに大判（１・０型）のイメージセンサーを入れたＲＸシリーズが人気になり、フルサイズ搭載のＲＸ１が続きました。そしてＡ１プロジェクト開始直後の５月、ＲＸ１はソニーとして初めてカメラグランプリ２０１３「大賞」を受賞したんです。「ついにカメラメーカーとして認められた」という思いで「フルサイズとミラーレスでいける」と僕も社内も盛り上がりました。

あと、当時自分の中で勝手にマネというか、一つの支えにしていたのは、昔の話ですけれど、ビール業界でアサヒビールがキリンビールを逆転しましたよね、「スーパードライ」で。

――ここでまさかのスーパードライ。樋口廣太郎さんが社長の時代、１９８７年発売の大ヒット商品ですね。一発で市場を全部ひっくり返した。

石塚　樋口さんの本も読んでいて、万年業界４位のアサヒが首位のキリンを抜いたなら、レンズ交換式カメラでソニーがトップになれないこともないんじゃないか、と。

スーパードライもそうなんだけれども、ヒット商品をつくることで、それを起爆剤に全勢力を結集して、開発から企画、設計、製造、マーケティング、販売、全部が一気に盛り上がれば、状況を打開することができるかもしれない。逆転できるかもしれない。やった人もいるよね、業界は違うけど。……というのを、僕は勝手に自分がアサヒビールのプロジェクトメンバーになったつもりで考えていたわけです。それでやるっきゃない、というのもあったし、やればできるだろうと。

駒がそろうのに5年はかかる

ただ、スタート時点ですべての仮説が、そして必要な駒がそろっていたわけではないんです。ほぼゼロから始めたので。３年ではさすがに難しいだろうと思って、５年という時間を決めました。

――スタート時の仮説と、必要な駒とは何だったのかを教えてください。

石塚　２つあります。１つはＡＦの高速化、もうひとつは交換レンズのラインナップの充実です。順番に説明しましょう。

すでにご説明した通り、ミラーレスは構造上ＡＦ用の専用センサーを設けることができず、コントラストＡＦ（撮影中の画像を見ながらコントラストが高いところを探す）を使うんですが、これが遅い。ピントが合うのが遅いということは、スポーツ写真など、動きが速いものの撮影では、専用ＡＦセンサーがあるデジタル一眼レフにはかなわない。

――だから、スポーツや報道など一瞬のチャンスが重要なフォトグラファーはデジタル一眼レフを選んできた。プロが信頼して使ってくれるカメラ、というイメージ、これがキヤノン、ニコンの圧倒的な強みだった。ハイアマ層もそういうカメラを欲しがる。

石塚　そう。だから「最高画質が期待できるフルサイズのイメージセンサー×専用ＡＦセンサーのデジタル一眼レフ」が、最高の組み合わせだったわけです。ミラーレスは小型軽量という特徴を強化するために、イメージセンサーのサイズが一回り小さいＡＰＳ－Ｃや、

マイクロフォーサーズのようにさらに小さい4／3型を使っていた。（サイズ比較は66ページ参照）

でも、上位メーカーにソニーが割って入るには、「フルサイズのイメージセンサー」は当然必要です。そして専用ＡＦセンサー搭載のデジタル一眼レフに劣らない、いや、それ以上のＡＦ性能を実現できれば、劣る点はなくなり、小型軽量の強みだけが生きてくる。

ということで、「Ａ1プロジェクト」の成功には「像面位相差ＡＦ」、社内呼称「ＺＡＦ」対応の、フルサイズのイメージセンサーの新たな開発が必要、となるわけです。

——第5章でも触れましたけれど、他社も、像面位相差ＡＦのミラーレスの優位性に気付いてはいたんですよね。

石塚　そうです。でも他社さんのイメージセンサーは、フルサイズではないですよね。

——ニコンは1型のセンサーでしたね。本体も小型軽量志向でした。

Ａ1プロジェクト第1弾、α7、α7R発売

——さて、「Ａ1プロジェクト」の宣言からわずか7カ月後の11月に、現在のフルサイズ

ミラーレスに直結する機種「α7」と「α7R」が発売されました。もちろん設計は宣言前に始まっていたと思いますが、これはすごいスピードではないでしょうか？

石塚　はい、急いでもらいました。一応、この2機種が「A1プロジェクト」の最初のモデルではあったんですよね。Eマウントで本格的な一眼スタイルのミラーレスのフルサイズも出していく。NEXだけじゃなくて、単価が高い、高付加価値のモデルというのをやろうじゃないかと。

——今となっては見慣れてしまって、「フルサイズのαはけっこうでかい」と感じてしまうんですが、次のページの図のように、トランスルーセントミラーとはいえ当時のミラー「あり」の機種と比較すると、同じフルサイズ機でもα7はすさまじく小さいんですね。

石塚　小さいけれど、デザインはオーソドックスでしょう？

——大胆だったNEXからがらっと変わりました。これはどういう意図ですか。

石塚　見た目が正統派である理由の一つは、「ソニーのフルサイズミラーレスは、なによりも『写真を撮るための王道を歩むものなのだ』」という、我々の決意を出したかったからです。その上で、マウントの上のファインダー部分（軍艦部）の形に特徴を持たせた。好みはあると思いますが、初号機以来、今に至るまでこのデザインコンセプトは不変です。

α7(2013年11月)+FE 28-70mm F3.5-5.6 OSS 「A1プロジェクト」の先駆けであり、「フルサイズイメージセンサー×ミラーレス」の市場を切り開いた記念すべきモデル。当時のデジタル一眼レフに比べて、小さく、薄い

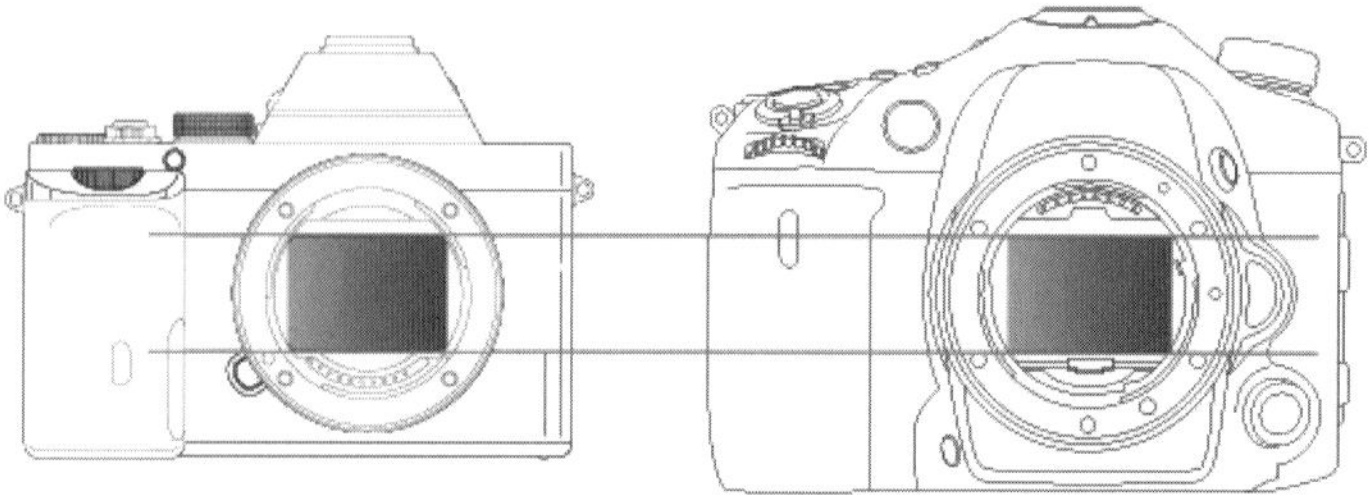

α7(ミラーレス)　**α99**(トランスルーセントミラー)

α7とα99の前面から見た比較。同じ大きさ(フルサイズ)のイメージセンサーを搭載しながら、α7がいかに小さくまとまっているかが分かる。重量も本体のみで416グラム。α99もトランスルーセントミラーを使うため、ミラーボックスを持つ普通のデジタル一眼レフよりも軽いのだが、それでも733グラムだ

――横道に入りますが、同じテイストのデザインが続くことで、旧型機の値落ちが少ないように思えます。ブランド構築と合わせ、そういう効果も期待されていましたか。

石塚　もちろんです。これは欧州車と同じですよね。

――なるほど！　さて、プロジェクト第1弾の反響はいかがでしたか。

石塚　最初は売れたんです。レンズ交換式カメラで単独1位を取りました。だけど長続きしなかった。

市場の反応は厳しかった

――ええ……。

石塚　それはそうですよ。やっぱりまだソニーにはレンズ交換式カメラでのブランド力もないし、まず、商品的にも性能がいまひとつでしたから。画質は問題ないですけれども、ピントが合うスピードが遅い。風景や花ならちゃんと撮れるけれど、動くものが相手だとサクサク気持ちよく撮れない。そして、まだ交換レンズの種類が非常に少なかったことが大きく影響していました。

α7のファストハイブリッドAFのセンサー配置

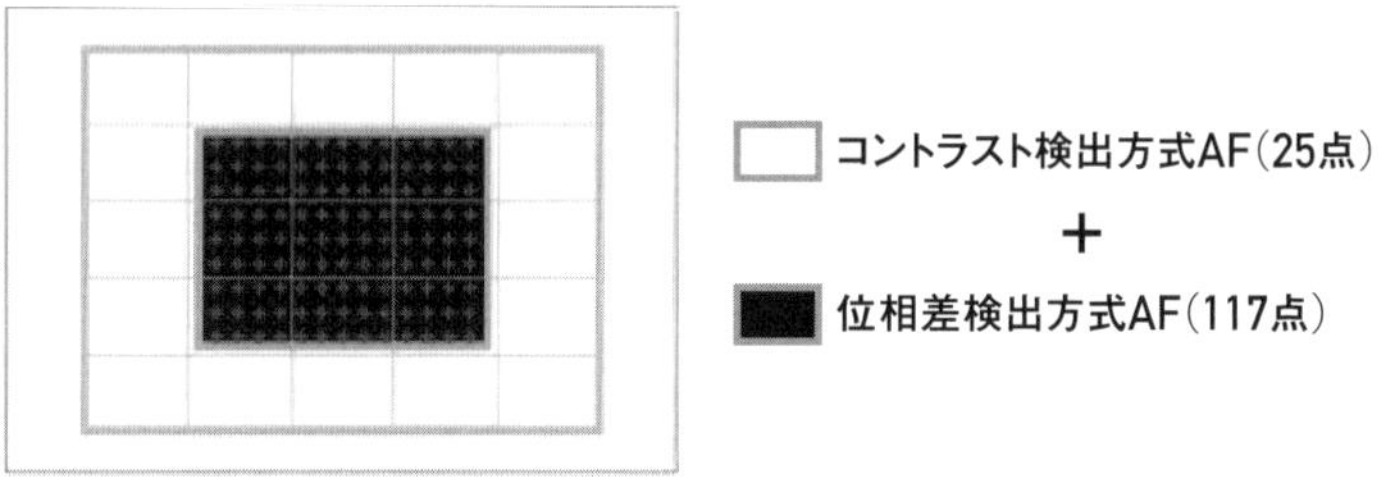

――カタログを見ると、α７のイメージセンサー「Ｅｘｍｏｒ（エクスモア）」には、ＺＡＦのセンサーが１１７点搭載されている、とありますが。

石塚　数がまだまだ足りていませんし、精度は併用したコントラストＡＦのほうが良かったんです。ＺＡＦで素早くピントを合わせても、最終的にコントラストＡＦを使うケースがあって、満足がいくところまで速度が出なかった。大体の距離はＺＡＦを使うので従来よりも速くレンズを動かせるけど、ジャスピンにするには、当時はコントラストＡＦのほうが精度が高かったんです。なので、最適点に止めるのに時間がかかった。

――ＺＡＦさえ載せればいい、という簡単な話じゃない。

石塚　載せる、ということであれば、先にお話ししたように12年の10月に、トランスルーセントミラー搭載機の「α99」で、フルサイズセンサーに１０２点のＺＡＦを搭載しています。12年11月にはＮＥＸシリーズでも「ファストハイブリッドＡＦ」という、コントラストＡＦとＺＡＦを両方積んだモデルを、こちらはＡＰＳ－Ｃですが、出しています（ＮＥＸ－５Ｒ、６）。だけど、まだまだ性能ではデジタル一眼レフと差がありました。

「ソニーはまだまだだよね」と思っていてほしかった

石塚　Ａ１プロジェクトの初年度というのはこんな感じで、まだＮＥＸもあったし、Ａマウントも売っていました。そこに、フルサイズのミラーレスを出しましたと。でもこの時点で、ミラーレスがこの後レンズ交換式カメラの主流になっていく、と予想した人は、あまりいなかったと思います。

――なるほどミラーレスだけあって、フルサイズでも小さくて軽いね、でもやっぱりピントが合うのが遅いし、レンズもこれからだね、と。

石塚　そうそう。そんなふうに「やっぱりフルサイズでもミラーレスはたいしたことない」と、デジタル一眼レフで天下を取っている上位メーカーに油断してもらうことも、実は計算していました。

――えっ、だってA1プロジェクトで5年後にシェアナンバーワン、って宣言されたと。

石塚　あの宣言はあくまで社内向けで、僕は対外的には、「ナンバーワンになるぞ」という話は敢えて1回も言わなかった。

――それはどうしてですか。

石塚　要するに、ソニーはレンズ交換式カメラではシェアが低い、いつまでもカメラのことを分かっていない電機メーカーだ、って思わせたほうが。

――言い換えると上位メーカーがミラーレスに本気を出してきたら、ブランドイメージが強いだけにソニーの苦戦は必至ですよね。

石塚　そうそう。もちろん、そんなに単純な話ではないけれど、「プロやハイアマの世界では、ミラーレスはデジタル一眼レフにはかなわない」という〝常識〟が、こちらの逆転の準備が整うまで持ってくれたらいいなと。

――「ソニーといえどミラーレス弱し」と思っていてほしい。

石塚　そうですね。表ではあくまで謙虚に。そして施策は、ＺＡＦをはじめ、レンズのラインナップの充実など、これでもかと打っていく。

――あまりに早く「こういう手でくるのか」と気付かれてしまうと、デジタル一眼レフの大手が一気にミラーレスに本腰を入れてきかねないと。

石塚　だからできるだけ、最初のうちは「たいしたことないな」と思っていてほしかった（笑）。まだ時間が必要でしたから。

――なめられているうちに力を蓄えて。

石塚　知らない間にひたひた、ひたひたと行って、戦に勝つために名より実を取るというか。

我々は弱い。だから「弱者の戦略」でいこう

――なるほど、でもちょっとソニーにしては弱気すぎませんか？

石塚　いや、そんなことはありません。だって、「画像を撮れるだけのカメラなんて古い、俺たちはソニーだ」と自信満々でレンズ交換式カメラにチャレンジしたけれど、道は決して平たんではなかった。初号機のα１００が発売直後にシェアトップを取りましたが、あとはなかなか我々の期待通りにいかない。つまりお客さんに、我々の製品の価値を認めてもらえずにいたわけでしょう。

――うーん。

石塚　我々は「写真」を撮るカメラの分野ではまごうかたなき「弱者」だったんですよ。だから、弱者の戦略を採り、弱者の戦い方をしようと思いました。

――ソニーが、弱者。だから弱者の戦略。「自分たちがつくった規格じゃないとイヤだ」くらいの、強気な会社だと思っていましたが。そもそも、イメージセンサーを内製する垂直統合メーカーがデジカメの弱者であるわけがないですよね。

石塚　「写真」を撮るカメラの分野、と申し上げましたよね。もちろん、カメラメーカーとしてのソニーにあるのは弱みだけじゃないですよ。イメージセンサーもそうですし、動画を撮るほうではカメラメーカーさんよりずっと経験がありますから、それをカメラに融合させていく面では一枚上手だったと思います。それは今のソニーのデジカメのラインナップの強みになっている。

写真のプロフェッショナルに「何しに来たの」と言われながら

石塚　でも、ことレンズ交換式カメラに関しては、「我々は学ぶ立場」という意識でやらないとダメだと当時から考えていましたね。これは今でもそうでなくてはダメだと思いますよ。

――早のみ込みしてすみません。「写真」を撮るカメラは、ハードウエアで強みがあっても勝てるとは限らない市場だということですね。

石塚　ですので、販売店さん、ユーザーの方、そしてプロのフォトグラファーのご意見をとにかく聞きました。プロに使ってもらえないと、上位に食い込んだり、ましてナンバーワンなんて夢のまた夢ですから。

――ニュースの現場に写るフォトグラファーは、キヤノン、ニコンのストラップを下げた人ばかりですもんね。でも、最初は相手にされなかったりして。

石塚　本当にその通りだったんですよ。「ソニーが何をしに来た」くらいの、全然信頼されていないな、というところから始めて、それが、意見を取り入れた製品が出て、使い勝手が良くなるにつれて「ちゃんと聞く耳を持っていて、実行するんだな、サポートもしっかりしてきたな」と、信じてもらえるようになっていく。もちろん、カメラの性能向上が基本にあるわけですが。

――それでは、13年11月のα7から始まったフルサイズミラーレス、Eマウントのカメラをソニーがどう進化させてきたかを伺いましょう。

レンズ資産を地道に積み重ねていく

石塚　はい。ＺＡＦ対応のフルサイズイメージセンサーの話をしてきましたが、それ以上に急がねばならなかったのはなんといってもレンズです。交換レンズの品揃え。これまでＮＥＸで使ってきたＥマウント用のレンズは、ＡＰＳ－Ｃサイズのイメージセンサー対応だったので、フルサイズに対応するＥマウントのレンズを増やさねばなりません。

――ちなみに、ＡＰＳ－Ｃサイズ用のレンズをフルサイズのイメージセンサーを搭載したカメラに使う、あるいはその逆のこともできるんですよね。

石塚　はい。ＮＥＸもα７以降のフルサイズミラーレスも、同じＥマウントですから当然使えます。ただし、ＡＰＳ－Ｃ用のレンズをフルサイズのイメージセンサーのカメラで使うと、フルサイズセンサー全体に光が届かないので、イメージセンサーの能力が生かせません。逆の場合は、フルサイズ全体に届くレンズの光を、ＡＰＳ－Ｃセンサーが受けきれず、中央部の光だけ使うことになる。（詳しくは２４０ページ）

広角、標準、望遠でF2.8の明るいズームレンズ、いわゆる「大三元」が揃っていることが、レンズのラインナップが“本物”であることの一つの条件。写真は「Gマスター」の大三元レンズ。左から「FE 16-35mm F2.8 GM」（2017年7月）「FE 70-200mm F2.8 GM OSS」（16年9月）「FE 24-70mm F2.8 GM」（同年4月）

――レンズ資産を生かせるメリットはあれど、デジタル一眼レフと勝負するなら、カメラの実力を引き出せる、フルサイズイメージセンサー専用レンズを新たに揃えねばならない。

石塚　Eマウントのフルサイズ対応レンズは、文字通りゼロから始めました。α7、α7Rの発売時に5本、標準ズーム系から単焦点を用意しまして、そこから頑張って、年に5本は出そうと。レンズ交換式カメラのボディと交換レンズは車の両輪なのでね。そして本数だけじゃなくて、性能を高めてブランディングをちゃんとしようと、「Gマスター」というプレミアムレンズも用意しました。

――失礼な質問ですが、コニカミノルタの資産を継承しているとはいえ、一眼レフとミラーレスでは設計も変わりますよね。ソニーにとって、フルサイズ用の交換レンズを開発するというのは大変なんじゃないでしょうか。

石塚　最初はすごく大変でした。開発・設計と製造の両方が力不足でした。でも、まずとにかくよそよりも小型軽量で高性能のものをつくりましょうと。だって、せっかくミラーレスでボディが軽いのですから、レンズが重くて大きかったらバランスが取れないですからね。小型軽量高性能という、ソニーらしいレンズを用意しないと。

　レンズの中には小さなエレメント、いわゆる「玉（たま）」と呼んでいるものが何枚も入っていて、その一個一個を設計していきます。エレメントの内製化はコンパクトデジカメから始まって十何年やっていて蓄積があったので、それを凝縮して、かつ進化させて。単純に言うと、非球面レンズをいっぱい使えば小さくできるんですよ。高屈折の素材を使って、少ない枚数でズームレンズができたりするんです。

歩留まりと性能の二律背反

——それじゃ、非球面レンズをガンガン使って。

石塚　そうなんですけれど、これは理論上はできるという話で、それを実現する製造工程の品質はまた別です。最初は歩留まりがすごく悪くて苦労しました。

――それは製造現場の問題ということでしょうか？

石塚　ああ、メーカーの人じゃないとそう聞こえちゃいますかね。〝製造工程の品質〟というと、設計とは無関係に聞こえますけれど、そうではないんです。なぜなら、歩留まりは設計によって大きく左右されるからです。

――なるほど！

石塚　設計の段階で、性能と生産性、歩留まりのバランスをうまく取ることが重要なんですね。もちろん、量産開始後に、歩留まりを改善するのは、工場の製造側の任務ではありますけれど。

たぶん歴史あるメーカーは、最初から歩留まりがよく作れたりするんでしょう。ただ、これは一般論ですが、歩留まりがいい製品に慣れていると、無理をしなくなるんですよ。

――あえてそれ以上の性能を狙うことで、歩留まりを悪くしたくないという。それはそうですよね。しかも現状で商売が成り立っているならなおさらです。

石塚　でも我々は後発で新規参入なので、そこをむちゃくちゃ無理するわけですよ。

――歩留まりが悪かろうが、とにかく小型で高性能だと。

石塚　いやそうじゃない（笑）。もちろん、歩留まりもよくなるように考えて設計するんだけど、いざやってみるともくろみ通りにいかないんですよ。ただ、そうやって無理をするうちに、製造現場も頑張るし、設計側もだんだんシミュレーション技術が進んだり、新しいデバイスを開発したりして、性能が良くて歩留まりも上がるようになってくる。無理が無理でなくなってきて、レベルが上がってくるんです。

うちのレンズ屋さんが外に絶対言わない技術とかがあるんですよ。他社さんもそうだと思いますが、独自の進化をそれぞれの技術が遂げている。デジタルイメージング事業は愛知県の幸田に製造事業所があるんですけれども、そこでレンズのエレメントを自分たちで成形しているんですよ、たくさんの成形マシンを並べて。

――石塚さんが04年から06年まで、プレジデントをやっていた製造事業所ですね。

石塚　そう。そしてこれは、私がデバイス事業に出ている間に、当時カメラ事業のトップだったTさんが、思い切ってエレメントの生産投資を実行してくれたおかげなんです。

そして、他社さんと比較してどうなのかは分かりませんが、ソニーの光学エレメントレンズ部隊が十何年かけて磨いてきた独自技術があるんです。意外だ、と感じる方が多いの

他社に先駆けてフルサイズセンサーのミラーレス用のレンズ資産を積み立ててきたソニー。レンズ交換式カメラの主戦場がフルサイズミラーレスに移った今、有利な戦いができている

かもしれませんが、ソニーは光学メーカーとしてすごく真面目な蓄積を積んでいます、ということです。

結果的にレンズはどうなったかというと、Eマウントだけで全部で72本。フルサイズで49本、APS－Cが23本。そのうち、Gマスターが17本。ゼロからここまで来ました（23年5月時点）。ちょっと余談を申し上げますと、レンズ一体型のサイバーショットのときは、せっかく開発したレンズが次のカメラでは設計が変わって転用できないんですが、レンズ交換式になったことで、レンズにしっかり時間をかけて、それこそ2年くらい使って開発して、随時投入することができるようになりました。

――レンズはレンズ、ボディはボディで開発できるから、別の時間軸で進められると。

石塚　だからムダがないし、納得がいく開発ができる。これはレンズ交換式カメラのありがたみだなって痛感しましたね。

サードパーティの参入も認める

――ところでソニーのEマウントには、タムロンとかシグマとか、サードパーティのレンズもたくさんありますよね。

石塚　ゼロからスタートですから、早くレンズを増やさねばなりません。規格をエクスクルーシヴにしたほうがビジネスとしては儲かりますが、これも「弱者の戦略」です。

――Eマウントのレンズがつくりたかったら、勝手につくっちゃっていいんですか。

石塚　もちろんダメ（笑）。基本的にオープンライセンスですが、お客さまにご迷惑をおかけしないように、Ｅマウントのライセンシーとしてふさわしい会社であるかの基準は設定しています。

――マウントアダプター（他のマウントのレンズをEマウントのカメラで使うための変換アダプター）も、ソニー製を含めいろいろ出ています。

石塚　そもそも、Ａマウントレンズの資産をお持ちの方がいらっしゃるわけですから、こ

マウントアダプター LA-EA5（2020年11月） EマウントカメラボディにAマウントレンズを装着できる35mmフルサイズセンサー対応のマウントアダプター。最新のEマウントボディ本体の像面位相差AFに対応するだけでなく、リアルタイム瞳AFやリアルタイムトラッキング搭載モデルであれば、高性能なAF機能を生かした撮影が可能

れをEマウントのボディでもお使いいただけるように、ソニーでマウントアダプターを用意しました。

――そしてそれに加えて「キヤノンやニコンのレンズでも、ソニーのフルサイズミラーレスで使えるマウントアダプターがあるぞ」って、かなり話題になりましたよね。イメージセンサー上でピントを合わせるＺＡＦ搭載の機種ならば、他社のレンズでも高速でピントが合う、と。

石塚　そちらはソニーの製品ではありませんし、他社さんも認めておられないと思います。

――はい、いわゆるモグリの商品としてそういうアダプターも出ていましたね。リバースエンジニアリングで、両者をつなぐことを可能にした、ということでしょうか。

石塚 でしょうね。

――2大メーカーのレンズ資産を持っている人が、ソニーのフルサイズミラーレスの本体を買うきっかけになったかもしれませんよね。だとしたら、自前のレンズが少なかった初期の「弱者」なソニーにはすごい援軍で。

石塚 我々は認知していませんが、もしかしたらそういう効果はあったかもしれません。

レンズ交換式カメラのブランドをαに統一

石塚 さて、プロジェクト2年目に入った14年に、NEXというブランドをやめて、レンズ交換式はαに統一します。NEX系は4ケタ、α5000、α6000といった名称になりました。発売直前のモデルも強引に変えさせたので、結構みんなからはぶーぶー、ぶーぶー、言われたんですけれど。

――これはどういう目的ですか。

石塚 5年間でαがナンバーワンになるためには、限られたリソースを分散させていては難しい。まずブランドをまとめないといけない。「α」というブランドをもっと強化するために完全に一体化しようということで、レンズ交換式カメラの型名を統一しました。

——レンズのお話を伺いましたが、もう一つのミラーレスの弱点、オートフォーカス（ＡＦ）の遅さのほうはどうでしょう。

石塚　半導体グループと組んで、フルサイズの「ＺＡＦ対応イメージセンサー」をつくり、性能を引き上げることで解決を図りました。デジカメの心臓部を内製していて、事業部同士がツーカーだったというのは、非常に大きなアドバンテージだったと思います。それでも、デジタル一眼レフと競争するには力不足の状況が続きました。

　この分野の進化のきっかけになったのが、14年3月発売の「α６０００」です。ＡＰＳ－Ｃサイズ用ですが、イメージセンサーの全面に１７９点の位相差ＡＦセンサーを配置して、「世界最速」を謳《うた》いました。ここから急激に高速化が始まります。

——フルサイズのα7でイメージセンサーに搭載されたＡＦセンサーは１１７点で、画面の中央部に配置されていました。

石塚　そう。そして、お話ししたとおり、位相差ＡＦの精度がコントラストＡＦより低かったので、結局最後はコントラストＡＦに頼って速度が遅くなる、ということが多々あり

α6000（2014年3月）+E PZ 16-50mm　当時のリリースによれば「オートフォーカス（AF）の速さに徹底的にこだわり、0.06秒の高速AFを実現。AFが反応するエリアが広く、画面のほぼ全域をカバーし、動きのある被写体への追随性も高いので、サイズが大きくて、重さのある一眼レフカメラでないと撮影できないと思っていた子どもの決定的瞬間も逃すことなく切りとれます。」と、ついにミラーレスの限界を超えたという開発陣の意気が伝わってくるようだ

ました。このα６０００からは、位相差ＡＦの精度が上がってコントラストＡＦを併用しなくてもスパッとピントが合うようになり、しかも点数が増えてイメージセンサーの全面をカバーするようになった。

――ついにデジタル一眼レフのＡＦ専用センサーに追いついた?。

石塚　画面の隅のほうでも高速にピントが合わせられるのは、デジタル一眼レフにもないメリットです。ただしこれはＡＰＳ－Ｃなんですね。フルサイズより小さいので、この数で全面をカバーできるわけです。

――フルサイズでの高速化はまだ……。

石塚　そう、フルサイズではまだこの速度は出せなかった。なぜかというと、課題は

イメージセンサーだけではないんです。イメージセンサーがでかいということはレンズもでかい。ＺＡＦで「どこでピントが合うか」のデータを取るまでは速いんだけれども、それに合わせてレンズ内部のモーターを回して、レンズを動かして、実際にフォーカスにいくまでには、でかいレンズだと重たくて大きい分時間がかかるんですよね。改善に励んでいましたが、14年はフルサイズの高速ＡＦまではいきませんでした。

高感度のフルサイズミラーレスでプロ動画市場を開拓

——一方、14年の6月に「α７Ｓ」という機種が出ますね。こちらはコントラストＡＦのみでＡＦの速度は遅いけれど、４Ｋ動画対応、最高感度がＩＳＯ 40万９６００、常用感度ですら10万２４００という、高感度の化け物みたいなフルサイズミラーレスです。あまりカメラ関連の数字にご興味がない方向けに付け加えますと、普通のＩＳＯは「１００」です。数字が大きくなるほど感度が上がります。

石塚　７Ｓは遡ることたぶん3年ぐらい前から、半導体グループとセンサーの検討を、具体的なカメラの製品企画より先に始めていたんですよね。

α7S（2014年6月）　画素数はフルサイズセンサーにしては1220万と控えめながら、画素1つ当たりのサイズを大きくすることで高感度性能を高めたモデル。暗い場所でもノイズを抑えて撮影できるため、動画撮影のプロに人気となった

高感度性能が高い理由は、フルサイズにしては画素数が１２２０万と少ないこと。α７のほぼ半分です。同じフルサイズの面積で画素数が少ないということは、画素のサイズ、我々は「目玉」とか言いますけれど、目玉がでかくなって光がよく入る。その基本性能の良さに加えて、効率よく光を集めるための技術をたくさん入れて、この感度が実現しました。

――なるほど。

石塚　高感度でコンパクトでレンズ交換ができる、これは動画撮影にうってつけだね、ということで、この年のＮＡＢという、ラスベガスで開かれる放送局向けの展示会で、フルサイズミラーレスでプロ向けの動画市場に参入しますと宣言しました。

――動画の機材で、暗いところで撮る需要があったのはなぜでしょうか。

石塚　静止画だったら、暗ければストロボを発光させたり、シャッタースピードを遅くして対応できますけれど、動画撮影ではストロボはないし、被写体も動くのでスローシャッターは使えませんよね。

――暗いからと照明を当てれば、「暗い場所」じゃなくなっちゃうし。

石塚　そうです。屋内や夜間の暗いシーンで、陰影や雰囲気のある映像を撮りたい、ということはよくある。暗い情景をそのまま撮るには高感度でダイナミックレンジの広いセンサーが必要だけど、そういうセンサー、そしてそれを積んだカメラはなかなかなかった。

――お値段が高いですよね。α7が15万円前後でしたが、α7Sは25万円くらいでした。

石塚　ショーの時点では実は値段は最終決定していなくて、会場で業界の人にいろいろ聞きました。プロのフォトグラファーでも動画も撮る人が増えていたので、その比率を調べてみたり。そうしたら半分以上が「動画も撮る」ということが分かったので、これなら、従来の動画向けの市場に合わせていいだろうと。当時は、ボディだけで１００万円以上が当たり前だったんですよね。

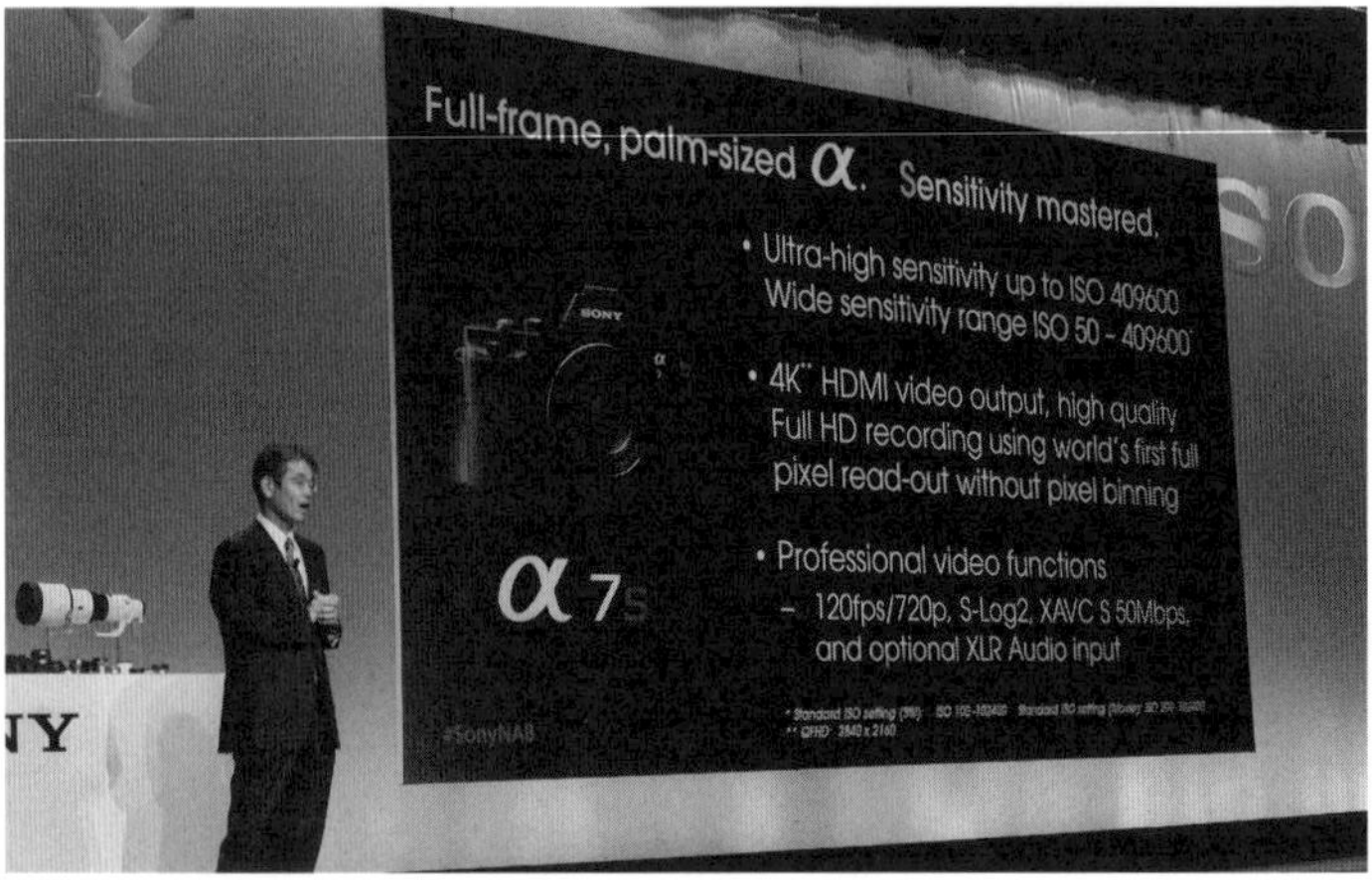

主に放送局や業務用の映像機器などの世界最大の展示会NABでα7Sの発表を行う石塚さん。αシリーズは業務用動画市場にも広く対応できるカメラとして静止画・動画、民生用・業務用というカテゴリーを超えたシステムであることもアピールした

――それを考えたら、レンズを足してもゆうゆう半額以下ですか。これは売れますね。

石塚　ということでSシリーズは、動画や静止画のプロに評価されるモデルとして独自の存在感をつくることができました。そして次は、いよいよ「真打ち」の登場となるわけです。

――真打ち。

石塚　ずっとお話ししてきた、高性能なZAF搭載のフルサイズイメージセンサーを使うミラーレス「α7RⅡ」が、ようやく15年の8月に発売されます。僕はこれが、「A1プロジェクト」の一つの大きな飛躍になったと思っています。

第7章

ソニーのミラーレス、ついに「真打ち」登場

エンジニアが自ら進んでユーザーに寄り添い始めた

――〝真打ち〟は像面位相差ＡＦセンサー（社内呼称ＺＡＦ）を搭載した、フルサイズのイメージセンサーのことですね。これがなぜ真打ちとまで呼ばれるのでしょうか。

これができればデジタル一眼レフに勝てる

石塚　改めての説明になりますけど、デジタル一眼レフは専用の位相差ＡＦセンサーにミラー（レフ）を使って光（被写体の映像）を当てて、シャッターを切る直前までピント合わせし続けることができますよね。だから、高速で動くものにもオートフォーカスが決まる。（図は１６０ページ）

――一方、ミラーレスにはミラーがないから、その分小型軽量化できるわけですが、光をイメージセンサーとＡＦセンサーに分けることができない。

石塚　専用のＡＦセンサーを付けられませんので、イメージセンサーの信号からコントラストを分析してピントを合わせていました。このやり方は、まずイメージセンサーから読み出し、コントラストが高いところを探すためにレンズを動かし、と、時間がかかるので、ピント合わせが遅い。だからスポーツ写真など高速で動く被写体の撮影には向いていない。「だったら、イメージセンサーに位相差ＡＦセンサーを組み込めばいいじゃないか」というわけで、長年開発を進めてきたわけです。これがＺＡＦで、技術的には他社さんもやっていたし、我々も遡れば12年の「α99」から搭載していた。でも、なかなか満足のいくＡＦ速度まではいかなかった。

転機は前章でお話しした14年3月発売の「α６０００」ですね。ＡＰＳ－Ｃサイズ用ですが、ほぼイメージセンサー全面に位相差ＡＦセンサーを配置（１７９点）して、世界最速の高速ＡＦを謳いました。「ミラーレスもやるじゃないか」と思わせた機種だと思います。

――とはいえ、イメージセンサーのサイズはまだＡＰＳ－Ｃだった。

石塚　そう。「フルサイズの全面に位相差ＡＦセンサーを組み込んで、それを制御しきるようなシステムをつくる」。これができたら、「Ａ１プロジェクト」は成功する。というのが僕らの見立てで、そのイメージセンサーを〝真打ち〟と呼んでいたんです。

ＡＰＳ－Ｃまでは14年に市販化できたんだけれども、これをフルサイズに持っていくのにもうワンステップが必要になって、翌年までかかりました。

――そしてついに完成した〝真打ち〟が登場して、「α７ＲⅡ」に搭載されるわけですね。

広範囲、高密度のＡＦセンサー、そして裏面《りめん》照射型

石塚　そう、我々が納得のいく性能を持ったＺＡＦ、それを搭載したフルサイズのイメージセンサーです。センサーの測距点は３９９まで増え、視野のほぼ全面をカバーしています。デジタル一眼レフの強みは別体の専用ＡＦセンサーと申し上げましたが、あれは構造上、画面の中央部のみに対応するんですよね。こちらはイメージセンサーに位相差ＡＦセンサーを載せているから、被写体が画面の端に行っちゃっても、フォーカスできるんです。

――センサーの密度と範囲が一気に上がりましたね。しかもこのイメージセンサーは、実に４２４０万画素の高解像度。先代の「α７Ｒ」が搭載していた高画素タイプのイメージセンサーが３６４０万画素でしたから、２割近く増えている。

石塚　そうですね、画素数、ＡＦセンサー、両方一気に増やしました。

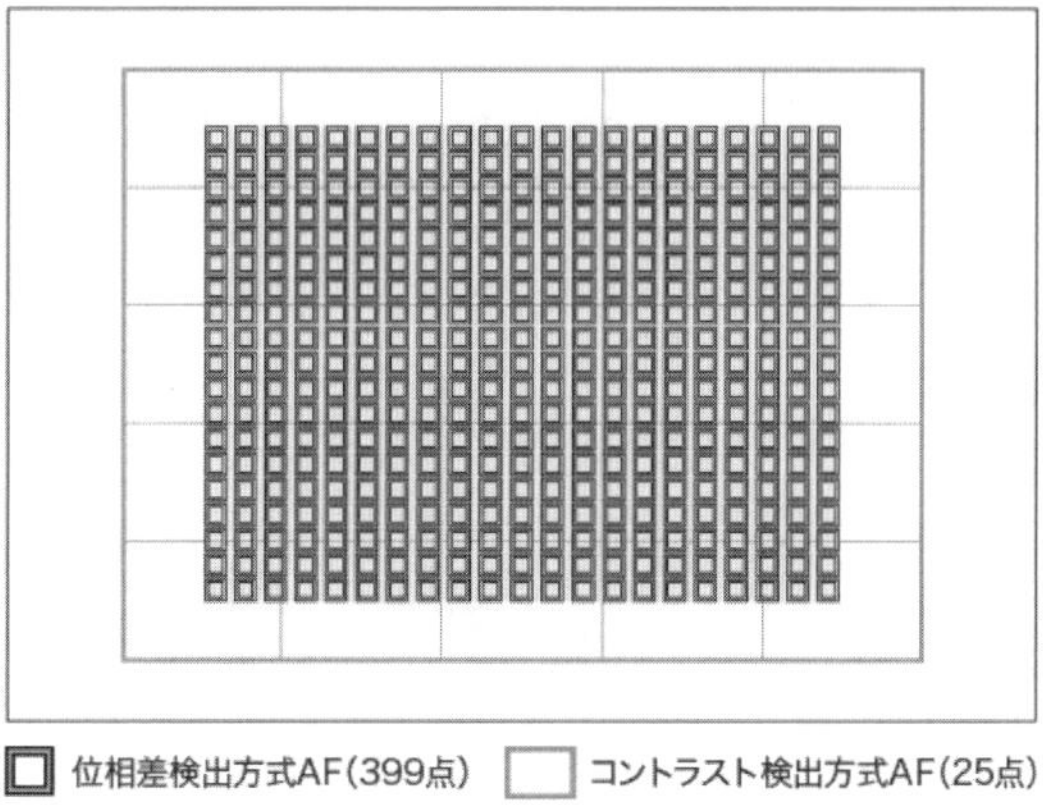

α7R IIが搭載するイメージセンサーの測距点。ZAFが399点、コントラスト検出方式AFが25点。172ページの図と比べると、ZAFの測距点の範囲が拡大し、密度が高まったことが分かる

——イメージセンサーの名前がこれまでの「Exmor」から「Exmor R」に変わったのは、この変化があったからですか？

石塚　いや、名称に「R」が入ったのは「裏面照射型」のCMOSセンサーだからです。フルサイズの裏面照射型CMOSセンサー搭載は、文字通りα7R IIが世界初です。

——裏面照射型？　また新しい言葉が出てきました。

石塚　これも、半導体グループの皆さんの苦心の賜物《たまもの》なんです。

——「裏面照射型」で検索してみると、裏面照射型CMOSセンサーは、石塚さんがデバイス事業に行かれていた09年に、コン

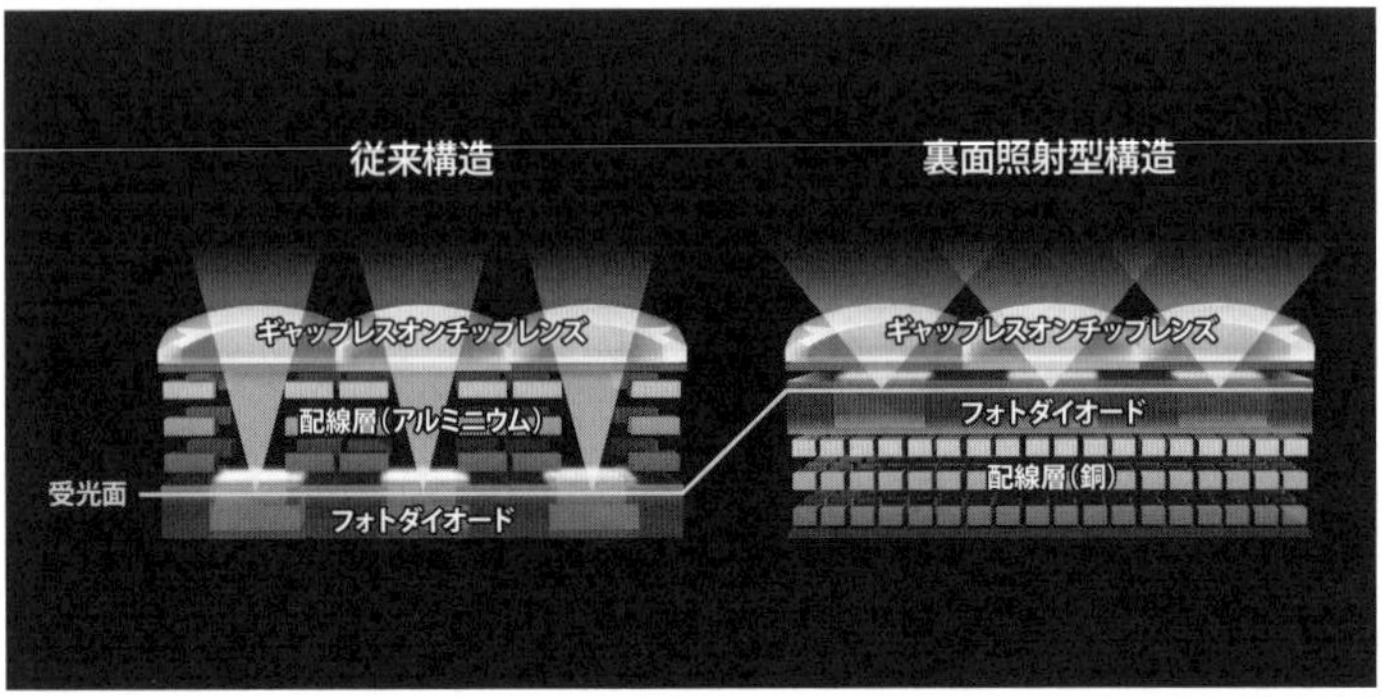

α7R IIは35mmフルサイズセンサー搭載デジタルカメラとして、初の裏面照射型構造のイメージセンサーを採用した。集光性能を上げるだけでなく、回路プロセスの微細化、配線層をアルミニウム配線から伝導速度の速い銅配線に変更、出力インタフェースの改良などで、AFの反応速度の向上、高速データ読み出しなどを可能にした

パクトデジカメ（「DSC-TX1」「DSC-WX1」）に搭載されていました。フルサイズではこれが初登場ですね。暗いところに強いようですが、どうして感度を高くできるんでしょうか。

石塚　裏面照射型は、光を受ける素子の上に配線などが乗っからないんです。余計なものが上にないから、効率よく光を取り込める。

――そんな簡単な理由ですか。だったらみんなそうすりゃいいのに。

石塚　ところが、ＣＭＯＳセンサーの製造は、シリコンの基板の上にフォトダイオード（受光素子）を置いて、その上に回路を作り込んでいくのが普通なんですね。だから、配線の隙間から光を受けることになる。デジカメが高画素になって画素の密度が上がると1画素当たりの面積が小さくなるし、回路も複雑になって多層化されるので、配線から受ける影響が大きくなってきたんです。

――画素数が増えると、光が届きにくくなるんですね。

裏面照射型の製造技術はソニー秘中の秘

石塚　そこで半導体のチームは、回路を製作したあとでシリコンの基板のほうを削り込んで、そちらから受光素子が光を受けられるようにした。

――えっ？　シリコン基板（ウエハー）の上に受光素子、回路と載せていって、そのあとで裏側の基板のほうを削っちゃうんですか？　コロンブスの卵ですね。でも削り方が足りないと受光素子に光が届かないし、削りすぎたら受光素子を壊しちゃいそうだし……。

石塚　そこが非常に難しく、ソニー秘中の秘の技術です。削りムラを抑え、専用の受光素子や目玉（オンチップレンズ）を開発し、と、製造は難航に次ぐ難航だったそうです。11年度のソニーの社内表彰の最高の栄誉である「井深賞」は、裏面照射型CMOSセンサー開発の功績で半導体グループが受賞しています。それほどの難事だったということです。

——一般的に、フルサイズは一つひとつの画素が大きくなるので、ＡＰＳ-Ｃやマイクロフォーサーズのイメージセンサーに比べて、暗いところに強いと言われていますよね。

石塚　そう。ですので裏面照射型は、最初は携帯やスマホなど小型のイメージセンサー向けと思われていたんです。携帯やスマホはもともとセンサーが小さいから、画素数を増やしていくと一つひとつの画素サイズがすごく小さくなって、取り込む光の量が減って暗くなっちゃうんだけど、裏面照射型にするとぐっと明るくできる。コンデジもそうですね。つまり小さいイメージセンサーのほうが、裏面照射型にした効果が分かりやすい。

「フルサイズに積んでも意味ないですよ？」

——なるほど、一方、フルサイズのイメージセンサーはもともと画素が大きいから、裏面照射型にしても効果は少ないんじゃないかと。

石塚　そうです。だからフルサイズには載せる予定じゃなかったんですけれど、高画素機のＲシリーズなら、意味があるかもしれない。なにより例のＳさんが「フルサイズを裏面にしたら、すごく画質が良くなるんじゃないの」と言い出して。カメラの部隊のほうは「いや、そんなに改善しませんよ」と言っていたんですね。数値上はたいした影響はないと。
　でもやってみたら、画質の差は結構大きかった。暗い場所でもくっきり写ってノイズがすごく少ない。こういうのは、写真が好きな人にとても受けるわけです。

——数値的には予想された範囲だったけれども、官能評価的にはものすごくよかったということですか。

石塚　そうそう。

——面白いですね。

石塚　もともと素性のいい画像が撮れれば、あんまり厚化粧しなくてもきれいになるわけですよ。変に補正するとノイズが目立ってきたりする。ノイズが減ってくると絵作りが自由自在にできたりするんですよね。それがプロや写真が好きな方にはうれしいという。

——高画素、高速ＡＦ、そして高感度で画質もいいイメージセンサーができました、と。なるほど、これはいい勝負ができそうです。

石塚　すっかり前置きが長くなりましたが、ＺＡＦの〝真打ち〟、かつ裏面照射型のイメージセンサーを搭載し、満を持して発売されたのがα７ＲⅡ、というわけです。

——この機種への石塚さんの自己評価を聞かせてください。

α7R Ⅱ（2015年8月）　ソニー待望の“真打ち”、ZAF搭載・裏面照射型イメージセンサー「Exmor R」を載せたフルサイズミラーレス。デジタル一眼レフに対する弱点をなくしたことで、ミラーレスの小型軽量さのメリットが際立ち、プロやハイアマチュアのユーザー、そして販売店に「ミラーレスもいける」と感じさせるきっかけを作った

石塚　13年にα7と高画素のα7R、次に高感度のα7S、α7に手ぶれ補正を搭載した改良型のα7 Ⅱ、とラインナップを増やしていくんですが、α7R Ⅱは1つの飛躍だと思っていまして。

僕は毎年、世界中のカメラ屋さんを回って、ユーザーさんにもお会いして、意見とかフィードバックをもらうんです。最初は全然相手にされなくて、文句ばっかり言われてね。「製品ラインナップはないし、レンズもないし、値段が高いし、ブランドもないし」とか。そういう声を聞きながらだんだん進化していくんですけれども、このα7R Ⅱから、風向きが変わり始めました。もう一つの駒、レンズも揃い始めましたし。

――ついに手応えが出てきた。

風がソニーに吹いてきた

石塚　α7R IIは、まず高解像度だし、オートフォーカスも速くなって、感度もまあまあよくて、ボディ内手ぶれ補正も付いていて、と、これといった欠点がない。そしてミラーレスだけにデジタル一眼レフよりも小型・軽量。

――目立つ欠点がなくなって、ミラーレスの美点がくっきりしてきた。

石塚　そうすると、客先に行ったときの雰囲気が変わって「おや、今度はいいカメラをつくったね」という反響が返ってくる。そう言われ始めたのはここからですね。そしてついに「これだったら、もしかしたらプロでも使えるね」っていう声が出てきたんですよ。

これは目に見えるスペックだけじゃなくて、数字にできないもっと地味な、操作性とか、ボタンだとかメニューだとかシャッターの雰囲気だとか、本格的なタッチ・アンド・フィールみたいなもの、ボディの堅牢性などの進化も当然影響しています。そして前に触れた通り、ゼロから始めたフルサイズ対応のレンズもラインナップが増え、サードパーティの

α99 Ⅱ(2016年11月)α7R Ⅱと同じイメージセンサーを使うことでZAF399点、かつ、トランスルーセントミラー機ならではの専用位相差センサー（160ページ）で専用AF79点、両者を併用するハイブリッド位相差検出AFシステムを搭載する。いまだにファンが多いAマウントのフラッグシップ機

レンズ発売、マウントアダプターの投入と、Eマウント用のレンズ資産がどんどん増えてきた。そうなれば「これなら買っても大丈夫だな」となるじゃないですか。

——なるほど。AFの遅さ、レンズ資産の乏しさという2つの大きな弱点が解消された、その転換点、ブレークスルーを果たしたのがα7R Ⅱだったと。

石塚　いや、ブレークスルーまではいかないですね。ホップ・ステップ・ジャンプのホップくらいだな。

——ホップですか。まだその先があるんですね。

石塚　そう。ステップが「α9」、ジャンプが「α1」です。でも先に行く前に、16

年11月に出た「α99 II」の話をしていいですか。

――これはコニカミノルタから継承した「Aマウント」のカメラですね。

出し惜しみなし、Aマウントのフラッグシップ

石塚　そうです。トランスルーセントミラー搭載機です。

――この時点のソニーのミラーレスで最強のα7R IIと同じイメージセンサーを搭載している、いわば「α7R IIのトランスルーセントミラー搭載版」ですね。

石塚　像面位相差AFセンサーの数は399と、先代のα99の3倍以上、画素数も4240万画素。しかもこちらはミラーレスではないので、専用AFセンサー「も」付いている。連写速度はα7R IIの倍以上の秒12コマ。さすがに重量は770グラムと、α7R IIの582グラムをかなり上回りますが。

――「Eマウントのカメラで培ったテクノロジーを、Aマウントのフラッグシップに出し惜しみなしに突っ込んだ」という感じです。

石塚　「やれることはすべてやっておこう」という、とても気合の入ったカメラでした。

――もうソニーストアでは売っていないんですね。面白そうだし中古で手に入れても……と思ったら、中古だとα7RⅡや、α99Ⅱより新しいα7RⅢより高い！（23年3月「価格・ｃｏｍ」調べ）Ａマウントを愛している方が多いことをうかがわせますね。

次はスポーツフォトグラファーに評価されたい

石塚　ミラーレスとデジタル一眼レフの競争に話を戻します。ＡＦが速いデジタル一眼レフにもレベルがあって、端的に言えば、オリンピックでスポーツを撮るフォトグラファーが使うのが最高レベルです。秒10何コマ、それぞれピントを合わせ直しながら撮影できるような。当時はそこまではまだ我々もいっていなくて。α7RⅡですら、既存のハイエンドのスポーツ用のカメラには勝てなかったんです。

――デジタル一眼レフ最強クラスとの戦いにはまだ力不足だった。

石塚　でも、「Ａ1プロジェクト（アルファ・ナンバーワン・プロジェクト）」を私が正式に立ち上げた1年ぐらい後かな、エンジニアが自分たちで勝手に「オートフォーカス・ナンバーワン・プロジェクト」というのを立ち上げてくれちゃって。頼みもしないのにやるぞと言ってくれて。みんな結構、すごいノリで。

――デジカメをつくるＤＩ（デジタルイメージング）本部の中でですか？

石塚　ＤＩ本部内のカメラのソフトウエア制御チームがリードして、（画像処理エンジンの）ＢＩＯＮＺの開発チームや、半導体のイメージセンサー開発チームなども巻き込んで、です。ここが大事ですが、どこか一つだけ踏ん張っても高速化はできません。

ＡＦの遅さはミラーレス最大の欠点だと、私を含めて技術陣は強く認識していました。

14年発売の（ＡＰＳ－Ｃサイズのイメージセンサーを搭載したミラーレス）α６０００で、ＺＡＦのみによる高速ＡＦが成功したので、「これなら、フルサイズのイメージセンサーもＺＡＦでいける」と、技術陣から提言があったんです。そして、リーダー自ら「ＡＦでＮｏ・１を実現するプロジェクトを立ち上げます！」と言ってくれて、フルサイズへのＺＡＦの仕込みと、プロに寄り添ったソフトウエアの磨き込みをやってくれた。僕のトップダウンでなく、ボトムアップでの取り組みと成功がとにかくうれしかった。

――プロに寄り添ったソフトウエアの磨き込み、これはどういうことをやったんでしょう。

石塚　要するに、一番要求が高いプロから攻めようと。特に、プロフォトグラファーの中でも一番要求が過酷なスポーツ写真を撮る人が、何を考え、何を必要としているのかを理解して、彼らの要望に応えるカメラとレンズをつくろう、ということですね。エンジニアがプロに随行して、スポーツの撮影現場に行って、撮っているその場でいろいろなことを聞いて、商品開発に生かす、ということをやってくれました。

実際に使う人の現場に立ち会うことで、どんな機能がどのぐらい必要なのか、機能以外にも何をどうすれば操作が速くなるのかということを学びました。単に、といっては言葉が悪いですが「イメージセンサーの中にＺＡＦを埋め込む」という技術的なことだけじゃなくて、それをどう製品にすればプロが使いこなしやすいかという。これは今でもずっと続けています。

――センサー数やＡＦ速度の数値競争じゃなくて、使い勝手から具体的に理解しようと。

石塚　例えば、スポーツだと被写体が常に動き回っているわけで、それを自動で追い掛けられたら助かるよね、それには、と考えていくと、画像認識、そして、動体の移動予測を研究するようになる。「どうすれば動きを先回りしてフォーカス枠を移動できるか」についてデータをためて、使い勝手をヒアリングして、どう制御すればいいのかを試行錯誤しながら、どんどん経験を積んで、ここから劇的にソニーのＡＦが進化していくんです。

――技術そのものも大事だけれど、それだけじゃないんですね。

石塚　そういうことです。もちろん、第一線のスポーツ大会の現場で使ってもらうカメラになるためには、技術もものすごく大事ですよ。半導体グループと連携を深めて、次の飛躍へさらに開発を進めていました。

メモリーを積んで、撮ったらまとめて読み出し！

――フルサイズのZAF、裏面照射型と来て、次は。

石塚　こんどは積層型です。イメージセンサーの裏にメモリーを積んでおいて、これまでのように1画素ずつ順番に読みだすんじゃなくて、ばばっとまとめて読みだして、どんどん、どんどん、メモリーにためちゃうんですよ。

――イメージセンサーが撮ったデータは、画素から順番に読み出していたんですね。じゃあ、フルサイズで高画素化すると、データは大きくて数も多いから、読み出しに時間がかかる。

石塚　そして一度読み出しが終わるまでは次の撮影ができませんから、連写速度が遅くなるわけです。しかも、読み出している間はイメージセンサーは機能しないので、画面がブ

α9（2017年5月）　高速連写性能を一気に引き上げ、画面の暗転がない「ブラックアウトフリー」撮影も可能にした。ソニーのミラーレスがついにスポーツ写真まで踏み込んだ、と大きな話題を呼んだ

ラックアウトしてしまう。

——一眼レフでミラーが上がったような状態が起こっていたんですね。

石塚　そこで、イメージセンサーからバルクで読み出してさっさとメモリーに移してしまうだけでなく、画像処理エンジン「ＢＩＯＮＺ Ｘ」も改良を加えて、読み出しと撮影を同時にできるようにして、ブラックアウトをなくそうと。これができれば、ブラックアウトフリーで秒20コマの連写ができるようになる。

——選手の動きをずっと追い続けられるというのは、スポーツ写真にもってこい。

石塚　そう。これが高速読み出しが可能になった裏面照射・積層型イメージセンサー

「Ｅｘｍｏｒ　ＲＳ」です。ざっくり言えば、高速信号処理とメモリーを画像処理エンジンとイメージセンサーの間に入れた感じですね。

　Ｅｘｍｏｒ　ＲＳを搭載した「α９」は17年5月に出ました。画素数は２４２０万、像面位相差ＡＦセンサーの数は６９３まで増えて、速度、使い勝手ともさらに向上しました。α７ＲⅡが「ホップ」とすれば、これが「ステップ」に当たるかな、と思います。

ミラーがないから無音で撮れる

――スポーツ写真のフォトグラファーにとっては、連写速度もですが、ブラックアウトフリーは大きいですね。

石塚　他にもスポーツ撮影でのメリットはありますよ。ミラーを跳ね上げる音がないので、電子式シャッターを使えば、無音で撮影が可能です。だから選手の集中を妨げない。例えばプロゴルフのトーナメントで、選手のスイングのテイクバックからフィニッシュまでを高速に連写できます。

――「お静かに」の最中でも、ガシガシ撮影できるわけですか。なるほど。

FE 400mm F2.8 GM OSS（2018年6月）　α9と組むべく開発された超望遠レンズ。α9がいかに高性能でも、超遠距離を撮影できる高画質の望遠レンズがなければ、スポーツ写真のフォトグラファーには使ってもらえない

石塚　もちろん、α9に合わせて、高性能の超望遠レンズも出しました。国際的な大会が行われているスタジアムで、カメラの砲列を見るとだいたい白レンズと黒レンズ（編注：白はキヤノン、黒はニコン）しかなかったんです。そこにソニーが入り込んで、じわじわ比率を上げて、うちのレンズが真っ向勝負できているくらいの存在感を示すことを、一応ゴールにしていました。

　そして、「A1プロジェクト」でナンバーワンを約束した5年目、2018年がやってくるわけです。

第8章

5年で首位を獲ったソニー。「技術だけでは勝てなかった」

「電機屋さんのカメラ」が〝本物のカメラ〟になれたわけ

――2015年8月に「欠点がない」フルサイズミラーレス「α7R Ⅱ」が出て、17年5月にプロユースのデジタル一眼レフ最上位機種と正面から勝負できる「α9」が出て、そして、石塚さんが「フルサイズのレンズ交換式カメラでナンバーワン」を公約した5年目、2018年がやってきます。

石塚　15年からじわじわ、じわじわとシェアが上がっていって、17年には国や地域によってはトップシェアになっています。ドイツとか、中国とか。そしてα9でまた一段技術を引き上げて、それを高解像度版に展開した「α7R Ⅲ」（17年11月）、ベーシック機「α7 Ⅲ」（18年3月）を出しました。

――α7 Ⅲは売れましたよね。

石塚　シェアの拡大に一番貢献したのがα7 Ⅲですね。

21年12月に後継機のα7 Ⅳが出ましたが、今でも販売しているロングセラーです（23

α7 Ⅲ(2018年3月)＋FE 28-70mm F3.5-5.6 OSS　ソニーのフルサイズミラーレスのベーシック機3代目として登場。これまで積み重ねてきたAFを初めとする性能向上、使いやすさへの配慮、隙がなくバランスの取れた性能を持ちながら戦略的な価格で発売され、ユーザーが一気に拡大した

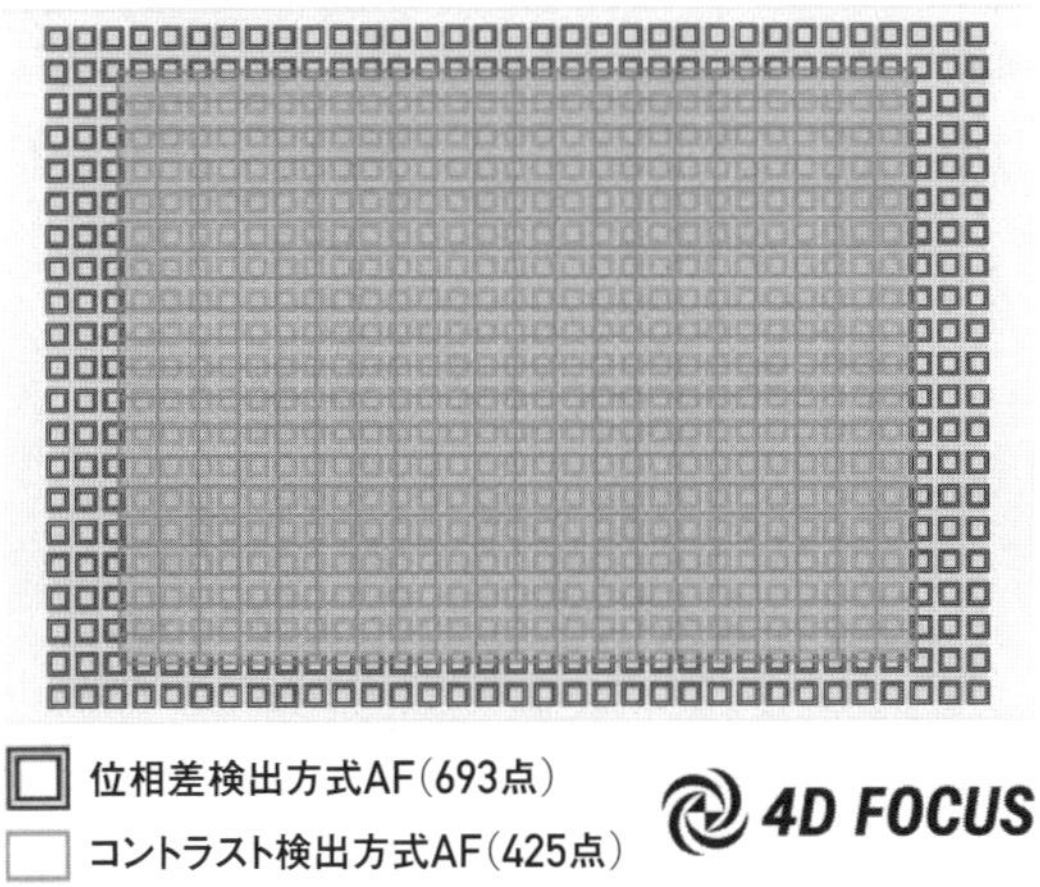

α7 ⅢのAFエリア。172ページのα7、197ページのα7 RⅡと比較してみると、ZAFの配置エリアの広さと密度がさらに大きく拡大、向上していることが分かる

年4月現在)。２４２０万画素で６９３点の像面位相差ＡＦ（社内呼称ＺＡＦ）搭載のイメージセンサー、しかも暗所に強い裏面照射型、秒10コマの連写性能と、個人的には正直いって、もうこれで何も困らないじゃないか？と思えたカメラです。

——確かに。ついに６９３点まで来て、コントラストＡＦのエリアよりＺＡＦの配置エリアが広くなってしまった。

ついにαはナンバーワンを達成

石塚　値段もちょっと踏み込みました。まあまあのお値段で機能的に不足がないので大ヒットしたんですよ。これでがーっとシェアが伸びて。

——はい、伸びて。

石塚　２０１３年に始めた「Ａ１プロジェクト（アルファ・ナンバーワン・プロジェクト）」が、２０１４年、２０１５年、２０１６年、２０１７年ときて、２０１８年、5年目のときに……。

——まさに宣言した5年目。

石塚　これでグローバルシェアナンバーワンを、一応内部カウントですが達成しました。フルサイズに限りですけれども、金額も、たぶん台数もトップシェア。18年5月に「αカメラシステムの開発・商品化とビジネス貢献」で、社内表彰の「井深賞」という、めったに取れない賞をいただきました。そして「α9」がソニー技術大賞　特別賞を受賞しています。

――ファウンダーのお名前（井深《いぶか》　大《まさる》氏）の賞とはうれしさもひとしおでしょうね。

石塚　技術も優れていて、ビジネス的にも大きな成功を収めたということにしかいただけない最大の栄誉賞なんです。私も初めていただいて、本当にやってよかったなという。

――ここで、改めて技術的な面から、フルサイズミラーレスで成功した理由をまとめていただけますか。

石塚　そうですね、デジカメの性能はイメージセンサー、レンズ、そして画像処理エンジンの3大技術で決まると思います。イメージセンサーとレンズについてはかなり話したので、画像エンジンについて触れさせてください。

――画像処理エンジン、というのはカメラの頭脳となる半導体チップですね。パソコンやスマホのCPUに当たる。

デジタルカメラの影の主役、画像処理エンジン

石塚　はい、画像処理を行う半導体「ＢＩＯＮＺ」と、それに載っているソフトウエアのことです。イメージセンサーから来た映像信号を画像として生成し、電源を管理し、ピント合わせを制御し、と、カメラの性能のあらゆる部分に関わります。

――この技術は、デジカメ特有のものなのでしょうか。

石塚　いえいえ、映像信号の制御はベータマックス時代から始まり、カメラ関連の機器としては8ミリビデオ（カムコーダー）、そしてサイバーショットへと脈々と引き継がれてきた、ソニーが得意な技術です。自分も、入社した頃直接担当していました。

ＢＩＯＮＺの開発設計は、ＤＩ（デジタルイメージング）事業部内の数多くのエンジニアの努力の賜物です。これの進化なくして、ＡＦの速度改善も、画質向上も、動作の高速化も、メニューのＵＩの改良も、バッテリーの長持ちもありえませんでした。カメラ全体にわたる貢献のため、イメージセンサーやレンズと違って、具体的に「これ」と成果を示すことが逆に難しいのですが、メジャーな進化があるたびに、「ＢＩＯＮＺ Ｘ」「ＢＩＯＮＺ ＸＲ」と、名称を変えています。カタログを見る際にはぜひ、画像処理エンジンの

名前にも注目していただきたいですね。

——そうなると、開発にはイメージセンサー、レンズ、そして画像処理エンジンの3つの変数が絡むことになりますね。どれがずれてもスケジュールに影響する。A1プロジェクトは、ずっとオンスケジュールで進んでいたんでしょうか？

石塚　そのあたりはなかなかお答えするのが難しいですが、決してスケジュール通りとはいきませんでした。どれとは言えませんがその3つのうちの1つが難航しまして、ラインナップ変更を余儀なくされたことが何回かありましたね。

——宣言通りに目標を達成されたので、「石塚さんの緻密な作戦通り進んだ」かのように見えても、実はアドリブが織り込まれたりしていたわけですね。

石塚　さて、α7 Ⅲでシェアが取れまして、次はいよいよプロフォトグラファー向けに一定の存在感を得ようと。前回お話ししたα9と、400ミリ、600ミリの超望遠レンズを開発して、AP通信などの報道系の会社や、スポーツ系の写真家にどんどん使ってもらいました。マイルストーンは2020年。α9の改良型のα9 Ⅱを19年に出して、いちおう当初の目標に間に合ったわけです。プロの方にも使っていただけるようになって、その後は正常進化して今日に至る、と。

ナンバーワン達成、次は動画だ

――18年にナンバーワンになって、今現在はどんな展開をしているんでしょうか。

石塚　はい、第6章で「スマホと戦うより、土俵を変えてレンズ交換式カメラへ」と言いましたが、レンズ交換式もAPS－Cサイズやデジタル一眼レフはだんだん減り始めてきました。ミラーレスは唯一伸びていますが、これは競争激化を意味しますし、いつまで持つかも分からない。

――なるほど。

石塚　で、考えてみると、ソニーのデジカメは昔から動画に強いんですよね。もともとビデオのメーカーでしたから。最初にお話ししたデジタルマビカですら、フロッピーディスクにごく短い時間とはいえ動画を記録できますからね。どのモデルにも動画機能をちゃんとまじめに入れているんですよ。

――言われてみれば。

石塚　ソニーの強みは昔から動画だよねということで、高感度で動画に強いα7Sシリーズは強化を重ねて、本当の映画の撮影にも使われるまでになりました。プロの動画撮影に

FX30（2022年10月）＋E PZ 10-20mm F4 G　本体にロゴは付くが型番にαが入らない、「Cinema Line（シネマライン）」と呼ばれるプロ向け映像制作用カメラシリーズの中核機種。イメージセンサーはAPS-Cサイズ（2010万画素）裏面照射型で、フルサイズのイメージセンサーを積む「FX3」よりも価格設定を引き下げ、入手しやすくしたモデル

VLOGCAM ZV-1F（2022年10月）初心者が気軽にVlogを楽しめることを目的につくられた、動画撮影特化型のコンパクトデジカメ。レンズは単焦点ながら、自撮りがしやすい超広角の20mm。F値は2.0と明るく、ボケ味も楽しめる

特化した「ＦＸ３」「ＦＸ30」も出ています。
　アマチュアの方もＶｌｏｇをやるようになってきたので、レンズ一体型の「ＺＶ－１Ｆ」に加えて、αシリーズの「ＶＬＯＧＣＡＭ ＺＶ－Ｅ10」「同ＺＶ－Ｅ１」も出しました。

エースナンバーを背負うαの凄み

――あ、すみません、前回「ホップがα７ＲⅡ、ステップがα９、ジャンプがα１」とおっしゃっていましたよね。ジャンプの話を伺うのを忘れるところでした。「１」が付く機種は、ソニーにとってはやはり格別だろうと思いますが。

石塚　そうそう。α１の開発がＡ１プロジェクトの技術面での最終目標でした。もちろん、技術開発はその後もどんどん進んでいくわけですが、私のソニー人生の中ではこれがゴールだったんです。もう何も文句は言えないくらいのスペックを、妥協なく盛り込もうと。

――α１のポイントはどこになるんですか。

石塚　搭載するイメージセンサーの画素数は５０１０万画素、ＺＡＦセンサー数は７５９。裏面照射型で積層型の「Ｅｘｍｏｒ ＲＳ」の最強版。要するに画素数も多いし、記録速

α１（2021年3月）　ソニー栄光のナンバー「1」を背負う、「A1プロジェクト」の掉尾を飾るモデル。連写性能はα9以上、画素数はRシリーズ並みと、どの分野でも最強というチートなカメラ。ソニーストア購入価格で税込93万5000円（2023年3月）と、お値段も最強

度も速い。ブラックアウトフリーで秒30コマの連写ができます。

——α9が同じ裏面照射型で積層型の「Exmor RS」を搭載していますが、画素数で倍以上、連写速度も5割増しですね。

石塚　「連写スピードが必要なスポーツ写真を撮る方はα9シリーズ、風景を撮りたい方は高画素のα7Rシリーズをお使いください」と言っていたんですが、α１は風景を撮ってもよし、スポーツを撮ってもよし、何を撮ってもよし。画素数が50メガで秒30フレーム撮れるカメラはほかに世の中にないでしょう、と。要するに、まったく弱点のない最強のスペックのカメラという。半導体グループとカメラのグループが最初

から共同でずっと開発してきた集大成です。

ある意味、ソニーらしくない？

——こうして見ると、ソニーのフルサイズミラーレスが成功したのは、やっぱり心臓部のイメージセンサーの開発チームとがっちりタッグを組んでいたから、ということがよく分かりますね。

石塚　その通りなんですが、技術開発だけの視点で見ると、大きな要素を取りこぼすと思います。どんな技術も、求められていないものに向けたら商売にならない。「こだわり・わりきり・おもいきり」で市場に出したら、そのあとは、その商品をユーザーがどんな使い方をして、何を求めているのかを知って、改めるべきところは地道に粘り強く改めていかないと。

——それはいわゆる「カスタマーマーケティング」ですよね。前章で、技術者の皆さんが自発的に「オートフォーカス・ナンバーワン・プロジェクト」を開始して、プロの写真家に食らいついてヒアリングしまくった、というお話が出ましたが。

石塚　はい、ああいうことが個人向けの商品で起きるのはソニーでは珍しいと思います。

――外部から見ていても、ソニーは市場の声を聞いて改善、改良することよりも、技術者が自分が欲しいものをつくって、新しい市場を開拓していくことが持ち味、と思っていました。

石塚　うん、まだ世の中にない、自分が欲しいものをつくる、というのはまさにソニーの技術者の喜びだし、素晴らしいことです。でも、それが最初から世の中の人が欲しいものと完璧にマッチしていることなんて、そうそうないでしょう、当たり前ですよね。狭い範囲にしか喜ばれないなら、企業として大きくなったソニーでは、ビジネスとして続けることができません。「面白いものを出したね、俺は買わないけど」となったら、商売としてはあがったりです。

――いや、ええ、そうなんですけれどね……。

石塚　分かりますよ。やっぱりソニーは「人のやらないこと」を期待されてきたし、「人のやらないことをやろう」という技術者が多い会社だと思います。そして、これは自分も含めてなんだけど、人の言うことを聞くのが苦手なんですよね。だから、自分で新しいやり方をつくって、それを広げようとする。

――ああ、ファミリーづくりが苦手な理由もそこにあったりするのかも。

石塚　そういう意味ではフルサイズミラーレスは、ソニーにしては珍しく、市場の、お客さまの声を真摯に聞こうとしたビジネス、といえるかもしれません。それができたのは、過去の失敗のおかげでしょうね。

――04年ぐらいまでいろいろと、ソニーの技術者らしく思いを込めて世に送ったユニークなサイバーショット、コンパクトデジカメたちが、「カメラ」が欲しい人にはいまひとつ刺さり切れなかったというか、求めている人があまりいないところに出しちゃって、でも自分のこだわりを捨てきれなくて……みたいなことの反省から、言い方が大変難しいですが、「謙虚になれた」ということ、でしょうか。

石塚　そういう感じです。普通の人が「カメラだ」と思う、基本を押さえたところがないと、やっぱりデジカメの営業的には苦しい。このことを、コンデジで思い知らされる。レンズ交換式カメラに出てみても、我々の思いとは裏腹に、なかなかうまくいかない。そこまでいって、さすがに「ソニーには何が足りないのだろう」と、真摯に考えるわけです。

――今振り返っていただくと、それは何だったのでしょう。

石塚　うん。改めて言うと、僕らはデジタルカメラを「デジタルならではのカメラ」だと意識して開発していたんだけど、今にして思えば結局「写真を撮る」というマーケットの広さとか深さのほうが、デジタルならでは、ということより全然大きかった、ということではないかと思います。

――は？　すみません。石塚さんはここまで何度かそれと同じことをおっしゃっていましたが、実は、ちょっと意味がつかめなくって……。

石塚　僕らは「写真を撮る道具をつくっている」というよりも「デジタルで何か新しいことができる製品をつくっている」という感覚だったんです。別の言い方をすれば、「写真を撮る」ということを、たぶん主眼に置いてなかった。今までのカメラとは何か違うことができる、ということを目的にしていた。

――今までできなかったことができるカメラ……言われてみれば確かに。「できなかったことをやりたい」が動機だったと考えると、あのサイバーショットたちの個性がよく理解できる。

石塚　カメラメーカーさんや評論家に言われた「電機屋のカメラ」って、つまりそういうことなんですよ、よくも悪くも。よく言えば、今までできなかったことができる。悪く言うと、写真はちゃんと撮れないじゃん、と。

――えっ、そこまでおっしゃっていいんですか？

石塚　もちろん我々は、真摯に、真面目にモノづくりをして、「ちゃんと撮れる」と思っていた。だけれども、最終的な写真の仕上がりというのもあるし、写真を撮るときの体験として、物足りないことがあったのかもしれない。

今はスマホでさっさと撮るのが主流になったので、だいぶ状況は違うと思いますが、当時のマジョリティの感覚からは、ソニーのデジカメに対して「これではない」と思わせるところがあったのでしょう。そういう意味でも、あくまで「写真」にこだわってきたコニカミノルタの事業を、ソニーが継承できた意味は大きかったんです。

市場の声を聞く「覚悟」

――スマホが「写真を撮るだけではない」市場を制圧したあと、デジタルカメラは「カメラ」の大本に回帰していって、そこで「電機屋さん」といわれたソニーが、今、唯一拡大しているフルサイズミラーレスの市場でトップを取っている。この構図がすごく面白いですね。そして、それが可能になったのは、コンパクトデジカメ時代の〝失敗〟があったからではないかと。

石塚　自信を持って出したカメラが市場からそっぽを向かれる失敗を繰り返し、コニカミノルタの事業を引き継いだデジタル一眼レフは鳴かず飛ばず、しかも自分たちの強みだと認識していた「写真を撮るだけじゃないカメラ」市場は、もうスマホが持っていくことが分かった。そこでようやく「我々ソニーは、カメラの世界では〝弱者〟なんだ」と理解することができたわけです。

――なるほど。

石塚　だから、画期的な商品を出すだけでなく、ソニーが苦手とする「きちんと市場と向き合って、何が足りないのか、ユーザーの声を聞いていく」ことでしか、生き残れないんだ、と覚悟ができた。これが成功につながった、そういうことじゃないでしょうか。技術だけではうまくいかなかったと思いますよ。

――性能がいくら良くてもですか？

石塚　フルサイズミラーレスを出したときから「ソニーさん、いくらいいカメラをつくってもプロは見向きもしないよ」とずっと言われていました。「なぜなら、ソニーはプロサポートをできないでしょう」と。

——プロサポートとは、プロのフォトグラファー向けに、主にメンテナンスサービスや修理のタイミングでの代替機の提供などを行うことですね。

石塚　要するに「本気でプロに使ってもらえると思っているのかね」と言われたので、よし分かったと、各国にプロサポートという仕組みをつくっています。そして、スポーツフォトグラファーやフォトジャーナリストの方に、技術者が張り付いて、いろいろなフィードバックをもらって、もらうだけじゃなくて製品に必ず生かして、それができたら持っていって、とやっていくと、プロの方たちも「ソニーって我々の声をちゃんと聞いてくれているんだね」と信頼してくれるんですよ。

——聞くだけじゃなくて製品に生かす。それは信頼も生まれますね。

石塚　我々はフォトグラファーの声もちゃんと聞くし、お店の声も聞く。弱小だと自覚できたので、謙虚になれた。やっていくうちに内部の知見や知識も上がってきますね。それを製品としてフィードバックすることで、ユーザー、販売店との間に信頼が生まれ、正のスパイラルが上がっていくわけです。

それからもう一つ。これもまたソニーが苦手とするところだったんだけれども、文化の醸成というのがあって。

――文化……ですか？

文化の力は決定的に重要

石塚　東京に「ソニーイメージングギャラリー 銀座」があったり、16年前から「ソニーワールドフォトグラフィーアワード」という世界規模の写真コンテストをやっていたりします。どちらもすぐには売り上げに効いてきません。

――でしょうね。コロナ禍もあって、カメラメーカーがギャラリーを閉める話も聞きます。

石塚　ソニーワールドフォトグラフィーアワードのホームページには「ソニーの責任」として「写真文化が継続的に発展できるような基盤を築くことを目的としています」と書いています。実はこれが決定的に大事なんですね。

「顧客、社会、我々自身をわくわくさせ、世の中に新たな映像・写真を楽しむライフスタイルを提供し続ける」と、基本理念（07年版）に入れているんですが、その前提に、写真の文化とそれを培ってきた人々への理解がある。

そのうえに立って「自分が欲しいもの」を、「こだわり・わりきり・おもいきり」でつくる。そういうことなんだと思う。

――なるほど。しかし文化って、ビジネスにとってそこまで大きなものなのでしょうか？

コニカミノルタのカメラ部門から受け継いだもの

石塚　個人的にすごく思うのは、ソニーがコニカミノルタから事業を引き継いで一番得るところがあったのは、この写真文化というのを我々が理解できたことだ、と思っています。
――そこは詳しく聞かせていただきたいです。
石塚　僕自身もそうだけれども、ソニーのデジカメは、動画、ムービーのカメラから入っているわけですよ、ハンディカムから。だから「写真というのは連続動画の中から、ベストの瞬間の1枚を抜き出せばいいでしょう」と思っていた。けれども、実はそうじゃない。
――あれ、そうじゃないんですか？　実は自分も、枚数を事実上無限に撮れるデジカメになってから、「沢山撮ってその中から選べばいいや」という、同じ発想になっていました。
石塚　そうじゃない、と、コニカミノルタの皆さんが教えてくれたわけです。
――じゃ、写真を撮るってどういうことなんですか。

石塚　写真というのは、この空間を切り取る一瞬のためのもの。カメラは「こういう一瞬を切り取りたい」という使い手の意図を実現するための道具。「決定的瞬間（Decisive Moment）」ってご存じですか。

――浅学でして、すみません。

石塚　こちらのウェブ（※）が参考になるかもしれません。よかったら読んでみてください。写真の現場にいる人々と、それを見る人の気持ちが共鳴して、その瞬間の本質が表れてくる、そんな状況です。

※ https://truecenterpublishing.com/photopsy/decisive_moment.htm

――一枚の画像が捉えた短い瞬間で全体を伝える。なんだか俳句みたいですね。

石塚　僕は、このウェブページに紹介されている「水たまり」のような、決定的瞬間を撮れるようなカメラをつくりたかった。実は、個人的にはレンズ交換式カメラをやるずっと前から目指してはいたんですけどね。

ちょっと横道に入るには大きいテーマなので、話を戻しましょう（笑）。ごく簡単に言えば、「写真」を撮る人にとってカメラ自体は目的じゃない。決定的瞬間でも、なんであってもいいのですが、「こういう写真を撮る」ということが目的であるべきなんだと。

ソニー社内の廊下に掲出された「写真展」の様子

「今、自分はどういう写真を撮ったか」を、ちゃんと分かっていないと、いいカメラはつくれませんよ、と僕は教えられました。性能が高いカメラをつくれば何でも撮りたい写真が撮れる、と、考えちゃうじゃないですか。順番が逆だよねというのが、僕を含めてソニーの人間たちは、意外に分かっていなくて。

――そうなんだ。なるほど、とにかく枚数を撮ることしか考えてなかった私が、写真が上達しないわけだ……。

石塚　コニカミノルタ出身の人って、カメラオタクの人が多いんですよ。

――それはなぜかすごく納得がいきます。

石塚　ソニーにはそういう人があんまりい

なかった。「いいハードウエア、いいスペック、いい機能のものをつくれば売れるでしょう」って。でも、プロの方はもちろん、アマチュアの方でさえ、写真好きな人というのは「自分が狙った通りのいい写真が撮れてなんぼです」ということなので。いつまでも電機屋のカメラだって揶揄《やゆ》されたりとか、自信を持って出したデジカメがさっぱり売れないというのも、この写真文化を理解していない、つまり撮る側の気持ちが分かっていない、というところに最後は帰着する。

――そこまでのものですか。うーん。

まず、カメラをつくる人が写真を好きになるべきだ

石塚　なので、まず自分たちが写真をちゃんと理解しなきゃいけないねって、社内で年に何回も写真展をやっているんですよ。自分たちの撮った写真を貼り出して、人に見られることでどんどんうまくなっていきますね。最近までテレビを売っていたマーケティングとか企画の連中でもフォトマスター検定2級とか1級とか取るわけです。

――そんな検定があるんですね。

石塚　これもコニカミノルタ出身の人に教えてもらってね。じわじわ、じわじわ、社内の教育活動をやりました。「写真が好きになった人じゃないと、いいカメラをつくれませんよね」という。

当たり前のこと、でもないがしろにされがち

――雑駁《ざっぱく》な理解ですけれども、「こういうものが撮りたい」がまずあって、そのためにはどういう機能がどういうユーザーインターフェースで配置されているべきですよね、ということを、カメラの作り手ならば普通に理解すべきでしょう、ということですかね。なんだか、当たり前のようにも思えますが。

石塚　でも、意外にメーカーの人間はこういう当たり前の考え方をないがしろにするものですよ。

――いや、メーカーに限らないんじゃないでしょうか。自分も「惰性でフォーマットに則《のっと》った記事を書くことがないか」と言われると「ない」と言えるか。仕事って効率を上げようとすると、お客さんの気持ちから離れがちですよねえ……。

石塚　そういうことですね。例えば、レンズ交換式カメラっていろいろなボタンとかメニューが付いていてびっくりするんだけれども、撮りたいときにいちいち確認しながらじゃなくて、手探りでも撮影できるくらいでないと「その瞬間」を逃しちゃうじゃないですか。

――はい、それは分かります。

石塚　メニューが階層の深いところにあってもかまわない機能なのか、ボタンにフリーでアサインできるほうがいいのか、そもそもボタンはどこにあって、どの順番で触れるようにすると使いやすいのか、いや自由度がありすぎると設定がやりにくいぞ、みたいなところは、写真を撮る人じゃないと分からないわけですよ。そういうのもプロに聞いているばっかりじゃなくて、自分たちが写真を撮っていればピンとくるのに、「ソニーの人は言わなきゃ分からないの？」というね。

――「何でもできますから、フルカスタマイズしてくださいよ」と開き直りたいところですけれども、「自分はこれが撮りたいんだよ」がある人が、その道筋をつくった方がいい。

石塚　そうそう。ついでに言うと、ソニーのメニューって昔から「使いにくい」と言われていることも認識しています。ソフトウエアの基本構造に絡むのでなかなか直せないんですが本当にこの10年ぐらいかかって、少しずつ少しずつ改善しているんですけれどもね。

——でも最新版のメニューは評判がいいんじゃないですか。

石塚　やっとここまできました。時間がかかりましたね。僕も年に何回も海外出張して、同じ店に行って、最初はけんもほろろだったけど、年々先方もご機嫌になってきて。お店に行くと、たまたまソニーのαを買っている場面に遭遇することもあるんですよ。そうすると、そのお客さまをつかまえてですね。

——つかまえちゃいますか。

石塚　実はソニーの者なんだけれども、買ってくれてありがとうございました。ところで、どういう職業で何のためにこれを買ったの、今まで使ったことは、とお尋ねします。海外の、特にヨーロッパのカメラ専門店に行くとけっこうお客さまにも会えるんですよ。やっぱり目の前で自分たちのつくったカメラが売れることほど、うれしいことはないですよね。

——そりゃそうですよね。自分が書いた本が売れるところを死ぬ前に見たいなあ。

石塚　そういう経験は本当にプライスレスですよ。今でも米国でやっている「Ｋａｎｄｏ Ｔｒｉｐ」というイベントでは、フォトグラファーやビデオグラファーの方々を２００人ぐらい集めて、そこにエンジニアが行って、直接お話をする。お互いにすごく喜びますよ。

——あ、そういえば、最近大手町の「絶滅メディア博物館」というところに行ったら、最

撮影協力：絶滅メディア博物館（https://extinct-media-museum.blog.jp/）

初にお話ししてくださった「デジタルマビカ」が展示されていて。

石塚　へえ、そうなんですか。

――そこにたまたま、外国人の方がやってきて「これ知ってる！　撮影するとジー、ジーってフロッピーに読み込むのよね」と大興奮していました。「私はこのカメラの開発者のインタビュー連載をやっている者で、彼にあなたのことを伝えたら喜ぶと思う」とお願いして、写真を撮らせていただきました。これです。図らずもデジタルマビカが世界の人に愛されたことを個人的に確認できました。

石塚　こりゃうれしいね、ありがとうございます（笑）。

COLUMN

イメージサークルとイメージセンサー

レンズが集める光の形は、実は円形だ。我々が写真(画像)として馴染んでいる長方形は、丸い光をフィルムやイメージセンサーの形に切り取ったもの。

レンズが集めた光の範囲は「イメージサークル」と呼ばれる。イメージサークルからイメージセンサーがはみ出せば、その部分は光を受けられず真っ黒になってしまう。大きなイメージセンサーに使うレンズは、大きなイメージサークルをつくり出す必要があり、大きく、重くなる。小さなイメージセンサーは小型軽量化できるが、画質や暗所の性能向上を工夫する必要がある。

さて、ソニーの「Eマウント」レンズ群にはフルサイズ用とAPS-C用の両方があるが、どちらも「フルサイズとAPS-Cの両方のイメージセンサーに対応」と謳っている。フルサイズのセンサーにAPS-C用のレンズを組み合わせた場合、APS-Cのイメージセンサーにフルサイズのレンズを組み合わせた場合、どのようなことになるのだろうか。

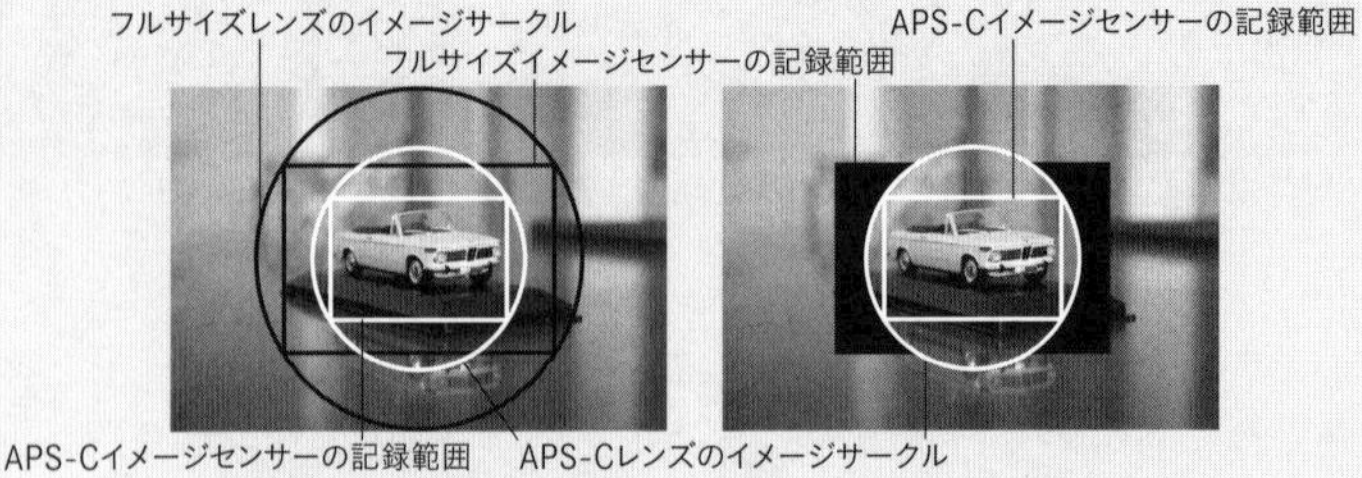

フルサイズイメージセンサー × APS-C用レンズ(図左)

図のように、フルサイズのセンサーをAPS-C用のレンズはカバーしきれない。なのでそのまま撮影するとセンサーの左右方向に黒い空白が生じる。そこで、フルサイズのセンサー搭載機にAPS-C用のレンズが装着された場合、自動的にAPS-Cイメージセンサーの範囲のみを記録するようになっている。面積に直すと、ソニーのAPS-Cイメージセンサーは23.5×15.6=366.6平方ミリメートル、フルサイズは36×24=864平方ミリメートルとなり、フルサイズセンサーの画素の半分以上が使われないことになる。

APS-Cイメージセンサー × フルサイズ用レンズ(図右)

こちらはフルサイズ用レンズのイメージサークルがAPS-Cイメージセンサーの範囲を楽々カバーするため、特に設定などはなくてもそのまま撮影できる。図のようにイメージサークルの中央部が記録されるので、レンズの性能としては望遠寄り(焦点距離×1.5)になる。

第9章

こだわり・わりきり・おもいきり

大人になったソニーに、やんちゃさはもういらない？

——草創期から直近までの「ソニーデジカメ戦記」を一気に語っていただきました。今回は、それを振り返りつついくつかお尋ねしたいと思います。

ソニーの逆転劇は２０１３年４月に石塚さんが社内向けに宣言した「Ａ１プロジェクト」で、「フルサイズのイメージセンサーを積んだミラーレス」に事業リソースを集中したところから始まるわけですが、石塚さんがバッテリー関連のＢｔｏＢの事業からデジカメ部門に戻られた12年の時点で、「未来はフルサイズミラーレスだ」というのは、社内の共通認識としてはあったんでしょうか。

石塚　ない。ないです。

——なかった。そうですか。

石塚　ないですよ。当時はデジタル一眼レフのα、コンパクトデジカメのサイバーショット、そして動画のハンディカムと３つのビジネスユニットに分かれて、それぞれが現状維持に必死だったわけですが、もし「未来はこちらだ」という共通認識があったら、そうはならないでしょう。

なぜ「できない」と思うのか

――そこが今の目で、状況が進んだ時点から振り返って見ると分からないんですよね。なぜミラーレスでデジタル一眼レフに勝てることに、確信が持てなかったのか。詰まるところ、ＡＦの速度の問題ですか。コントラストＡＦしか使えなかったことからくる、ピント合わせの遅さ。ソニーはこれを像面位相差ＡＦ（社内呼称ＺＡＦ）対応イメージセンサーで解決するわけですが、当時は、そんなにうまくはいかないだろう、と。

石塚　いや、確かに技術の面から説明するとそういうことになるけれど、それが「できない」と思われていた理由かと言われると、違うと思う。当時、ミラーレスで勝てると誰も思っていなかったのは、「まだちゃんとしたミラーレスの製品がなかったから」ということじゃないかな。

――本気でデジタル一眼レフに勝つつもりでつくられたミラーレスがなかった。でも、「だから、ソニーがそれをつくろう」という話になるのでは。

石塚　いやいや、「なぜソニーの社員がつくろうという気持ちにならなかったのか」という話ですよ。当時、世の中のミラーレスは小型軽量が最大の売り物で、高速ＡＦに切り込んだ製品はなかった。ソニーもマイクロフォーサーズもね。デジタル一眼レフの大手もミラーレスを出してはいましたが……。

――今儲かっているデジタル一眼レフのライバルを自分でわざわざつくる必要はないですもんね。高速のピント合わせがご希望なら、デジイチをどうぞ、となる。

石塚　これを「イノベーションのジレンマ」と言うのかもしれません。

――まさに。だからそこに「デジタル一眼レフの〝弱者〟」であるソニーは勝機を見いだしたはずで、社内でも気付いた方はいたんじゃないかと思ったんですけれど。

「ミラーレスが遅いのは当たり前だろう？」

石塚　そうなんだけど、でも、ミラーレスで高速ＡＦが可能かなんて、当時は誰も確信はなかったと思いますよ。そして、大手メーカーも、そういう製品は出してこない。そうなるとどうなるかと言えば、「高速ＡＦならデジタル一眼レフだ」という現状の認識が、普遍的な常識だと受け止められていくんです。ユーザーも「デジタル一眼レフが本物、ミラーレスはまがい物」という気分になり、そして、ソニーの社員たちもそれに影響を受けてしまうんですよ。

――試す前に、世の中の常識としてダメだろうと受け止めてしまう。これは怖い。

石塚　特にカメラが好きな人は、「やっぱりデジタル一眼レフじゃなきゃね」って思っている。僕が「ミラーレスでがーんといくぞ」と言っても、事業部も、販売会社も、「そんなの売れるわけないよ」と思うわけです。

――なるほど。「高速ＡＦがあればミラーレスでも戦える」と、石塚さんがいくら説いても、製品になっていないから誰も心から理解できない。デジタル一眼レフは現実として目の前にあり、ユーザーの支持も受けている。その説得力にはかなわない。

石塚　現物があるというのは強いですよ。「デジタル一眼レフって、カシャカシャカシャカシャっていう、このメカシャッターの音がいいんだよ、このＡＦのスピードがいいんだよ。これだよね」と実感していると、それ以外のものに変わる可能性が見えない。

――それはそうですよね。現状の製品に満足していたらなおのこと。

石塚　盛田（昭夫氏、ソニー創業者の一人）さんたちが市場調査をやらないこともあったのと同じで、今ないものには、お客さまは答えてくれないんですよ。これはよく知られた話ですが、問題は、「だからこそ、まだないものを創る」はずのメーカーの側まで、お客さまと同じになってしまうことですね。

隠れているニーズとそのポテンシャルを感じ取って、どう具現化するか。これが本来のソニーのクリエイティビティのはずですが、当時はそれができていなかったと思いますよ。

――ちょっと整理しますと、第8章では「こだわり・わりきり・おもいきり」で製品を出した後は、ユーザーの声に真摯に応えてアジャストしていく、というお話を伺いました。一方で今のお話は、「こだわり・わりきり・おもいきり」の前、新製品のアイデアを生み出す段階のことですね。

世間の常識はアップデートする

石塚　そう。そこで技術者側が市場の空気や常識に巻き込まれてどうするの、という。

――これはどの業界でもとてもありがちな話だと思います。新刊企画を考えるときに、本屋さんで売れている棚を見に行って、似た企画を考える、みたいな。

石塚　類似品が世の中にあふれる理由ですよね。

――そこを、どうやって突破するんでしょうか。

石塚　メーカーの場合は、結局は論理、合理性を突き詰める、ということになるんじゃないでしょうか。そして一番シンプルな回答にたどり着いたら、多少現実味がなくてもやり方を考えてみる。

――この場合は「ＺＡＦ対応のイメージセンサーができれば、フルサイズミラーレスの大きな欠点が消えて、デジタル一眼レフと勝負できるはずだ」と。

石塚　合理的に考えればそうなるんです。コニカミノルタの事業継承を仕切ったＫさんが言っていたな。ハードルが高いけれど「真打ち」、高速なＺＡＦ対応イメージセンサーが出れば、と。コニカミノルタの事業継承の主導者となったＫさん、そして半導体のＳさんたちと、実は昔から脈々とそういうブレストもやって、ときどきプロジェクトを起こしていました。

　ちょっとＫさんのこぼれ話を思い出したんですが、いいですか。

――どうぞどうぞ。

「α100」（2006年6月）の発表会で使われたスライド

石塚　Kさんは、1985年から86年にかけて、私と同時期に米国に留学に行ったんです。そのとき、彼が感銘を受けたと言っていた話です。

77年にNASA（米航空宇宙局）が、外惑星探査衛星のボイジャー1号、2号を打ち上げました。写真撮影も行う予定でしたが、当時のカメラの性能では地球に鮮明な画像は送れない。「だけど、衛星が遠い惑星に到達するころには画像処理技術が進んで、地球側でより鮮明な画像として再生することができるはずだ」と、とロードマップを描いて打ち上げたんですって。

――将来の技術進歩を信じて計画を立てて実行したと。シビれますね。

石塚　Kさんは、コニカミノルタの事業継承後の初めての製品「α100」（2006年6月）の発表会で、「我々はDSLR（レンズ交換式カメラ）の真打になる！」と宣言していました。「伝統と文化を理解」「最後に登場し、一番の実力と人気を兼ね備える」「皆を楽しませる」とスローガンを立てて。フルサイズミラーレスで実現できた未来を、当時まさに語っていたんだな、と思います。

――なるほど。

石塚　我々も「ZAFが物になれば」と、論理的には正しく考えていたことになりますね。だけど、さっきも言った通り、実物がないうちはなかなかみんな信じて動こうとはしてくれないですよ。他社がつくると「じゃ、うちも」って、みんなわーっと群がるんだけど（笑）。

――でも、それではフォロワーにしかなれない。当時〝弱者〟だったソニーは、競合大手に眠ってもらったまま一気に開発を進める必要があった。社内を巻き込んで燃やすために、「A1プロジェクト」を立ち上げて、「行くぞ」という空気に変えたわけですね。

石塚　そういうことですね。どうせ何やってもかなわない、という弱気を吹き飛ばす必要がありました。自分自身も「どう考えても他に手がない、これでやるしかない」という、追い込まれたところもあったわけですが（笑）。

秘話・Eマウントがフルサイズ対応になったわけ

――ただ、こう言うと混ぜっ返すようですけれども、せっかくならもっと早く、08年にNEXの企画、Eマウント搭載機を立ち上げる時点で、フルサイズイメージセンサー搭載機も出しておく手もあったんじゃないでしょうか。

石塚　どういうことですか？

――NEXのイメージセンサーは、フルサイズより一回り小さいAPS-Cですけれども、Eマウントは、アダプターを使えばAマウントのフルサイズ用レンズも使えるようになっていましたよね。だったら、いっそフルサイズのセンサーを積んでもよかったのかな、と。

石塚　Eマウントは、スペックとしてはフルサイズのイメージセンサーとその対応レンズも使えるようにしました。けれど、NEXはそもそも、さらに小さいイメージセンサーを使う「マイクロフォーサーズ」との競争をすごく意識したので、とにかく小さく軽くしたかったわけです。それに、フルサイズのAマウントを搭載する立派な専用のカメラがすでにラインナップにあった。

社内外と差異化するために「とにかく小さいものを」と始めたから、マウント的にはフ

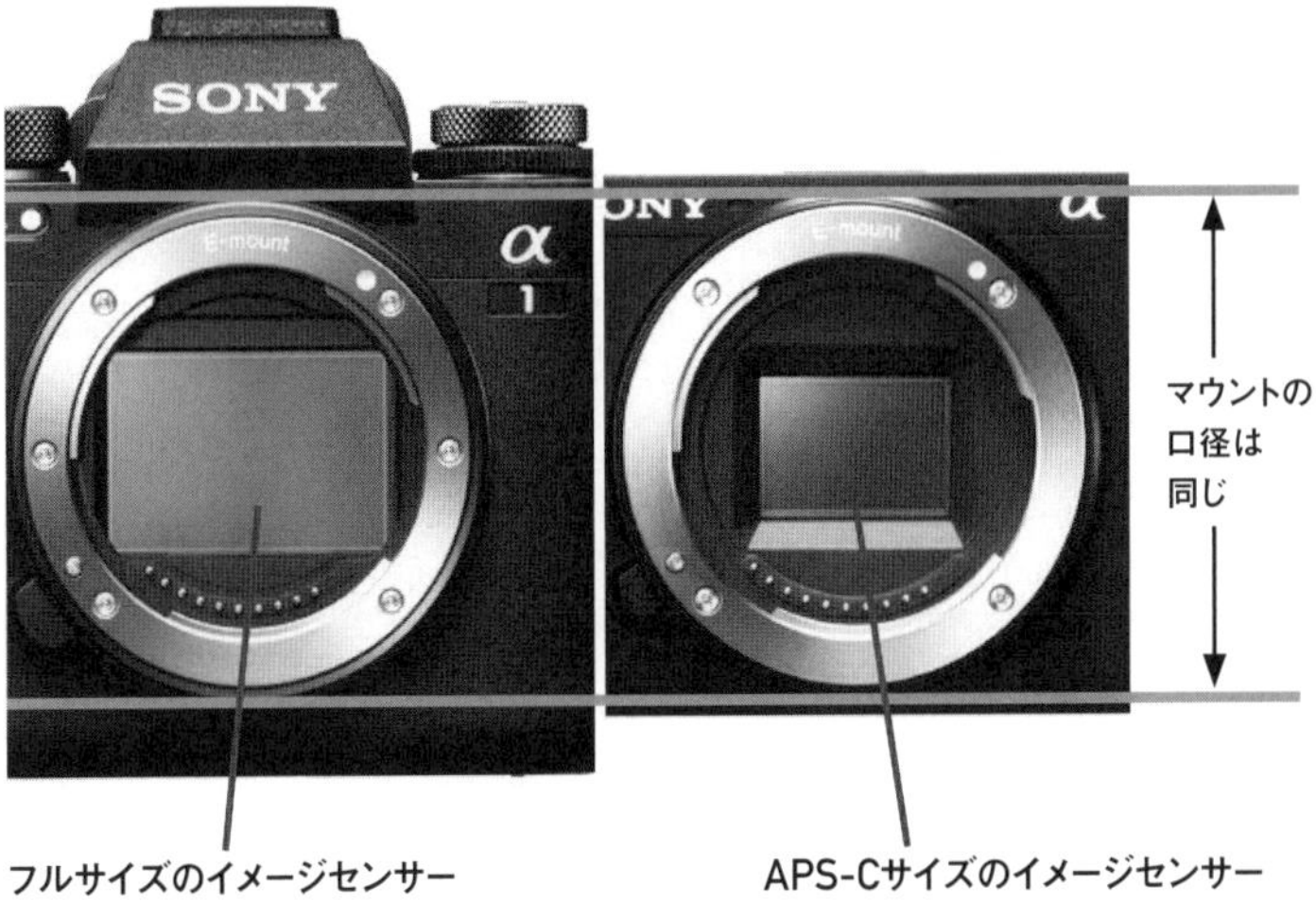

左はフルサイズのイメージセンサー（α1）、右はAPS-Cサイズのイメージセンサー（α6400）。マウントは同じEマウント。もしNEXシリーズが開発される際に、EマウントをAPS-Cに合わせこんで設計していたら、フルサイズのセンサーに対応できなかったことが分かる

ルサイズがいけても、必然的にイメージセンサーはＡＰＳ－Ｃになっちゃうわけですよ。レンズもＡＰＳ－Ｃサイズ用のほうがずっと小さく軽くなるし。フルサイズという発想は１号機のＮＥＸでは全然なかったです。

――ではなぜフルサイズに対応できるマウントにしていたかといえば。

石塚　Ａマウントとコンパチビリティ（互換性）を取ろうとする時点でそうなるわけですよね。

――あ、そうか。フルサイズのイメージセンサーに対応するＡマウ

ントのレンズをEマウントで使おうとすれば、Eマウントの口径もフルサイズ対応にしないとダメですね。当たり前でした。

石塚　はい。なのでフルサイズミラーレスへの展開をこの時点で予測していたわけではありません。当時は自分も「デジタル一眼レフと競えるミラーレスをつくる」という発想はなかったですね。

09年6月にデバイスソリューション事業本部に異動して、11年に東日本大震災、タイの水害が起こる。12年の4月にDIに帰ってきたけれど、コンデジはこれからスマホにやられる、12年後半からいよいよそれが数字に出てきた。さあどうするんだ、というところで、「Eマウントでフルサイズミラーレス」という考えに初めてたどり着くわけです。

――なるほど。

石塚　と、いうのもウソではないのですが、最近たまたま、当時を知る社員数名と飲み会があって、そこで出た話をしますとね。

――おっ。

石塚　08年に僕が「小さいミラーレスをつくれ」と言ってNEXを始めて、09年にAPS－Cサイズのイメージセンサー搭載で設計していくわけなんですけど、開発陣としては、

Aマウントのαでフルサイズのイメージセンサーを搭載していたので、ミラーレスのEマウントでも、「やっぱりフルサイズを、どうしても入れたい」と言っていたらしいんですよ。

——あ、そうですよね。気持ちはよく分かります。

石塚　最終的に「本体を大きくするのは絶対ダメ」というところは確約して現場に一任されることになり、プロジェクトリーダーが「Eマウントにフルサイズのセンサーが入るようにはしておこう」と指示を出した、ということだそうです。

経営と現場のコンセンサスが取れて、それでEマウントは「フルサイズが入る」フォーマットになった。だけど、実際にモノはつくっていなかったんですよね。

——なるほど。「フルサイズのセンサーを入れたEマウント」は試作されなかった。

石塚　それから2年たって、12年に私が戻って、「フルサイズミラーレスをEマウントでやれ」と言い出した。実はみんな「ん？　入るはずだけど、試したことがないぞ。本当にフルサイズのイメージセンサー、Eマウントに入るんかいな」と心配になって、まじめに検証したら、「問題ありません！」と。

——面白い！　Eマウントでフルサイズミラーレスができた背景には、現場の人の粘りもあるわけですね。ついでにこれも聞いちゃおう。お答えいただけないとは思いますが、デバイスソリューション事業本部にいた石塚さんは、その間もKさんやSさんとコンタクトを取って、ZAF対応イメージセンサーの開発を側面から応援していた、のではないですか。

石塚　そういうことはまったくありません。だって僕はデジカメの競合メーカーにバッテリーを売り込む立場でしたから。「石塚さん、αの戦略を教えてよ」とか言われるから、関わりを持たなかったんです。コンプライアンスもありますが、そもそも、デジカメの仕事から足を洗って、戻るつもりもなかったし。

——そうなんですか。

「僕はやっぱり商品に携わるのが好きなんだな」

石塚　07年に過去最高益を出したし、1996年にデジカメに関わってから、幸田の製造事業所に異動した2年半を除いても、もう10年やってるし。デジカメでやることはやったから、もういいや、と思って。それでバッテリーをやってよと言われて、分かりましたとリチウムイオンのビジネスをやって。EV向けのバッテリーの開発や売り込み、EVそのもののアングラ研究もやったりしてね。戻るつもりはなかったんです、全然。

——本当ですか。最終製品に携わるということに対する愛着というか、執着みたいなものは、お持ちじゃなかったんですか？

石塚　うーん、それはグッドクエスチョンで、「もういいや」と思って異動したんですけれども、その後に震災があったりとか、ソニー全体もいろいろと、非常に苦しい時代だったので、何が自分にできるかなって考えるわけです。

それで「僕はやっぱり商品が好きなんだな」と。自分の得意分野って、商品の企画とか開発やその事業経営だと気が付いちゃうんですよ。

——おお、じゃ「戻りたい」と言ったんですか。

石塚　それを誰かに話したか……。親しい友人に1回言ったかな。ストレートに「戻りたい」ではなくて、飲んだときに素直な気持ちを話したことがあるかもしれません。でもサラリーマンですから、希望通りにならないことは分かっていましたし。で、経緯は知りませんけれど、経営層の交代時期に何の因果か、出戻ることになったんです。

——商品に関わる立場でありたいと思った石塚さんには、そういうときの技術者にとってのコツというか、「こういうことを考えておくといいよ」というノウハウってありますか？

石塚　コンスーマー商品とＢｔｏＢは違うと思うんですけれども、コンスーマーに関して言うと、この場合は自分がお客になれるわけですね。自分のお財布からお金を出して買って、自分で使って、自分の趣味なり、実益に使えるという。

——なるほど。

自分自身の情熱が製品のディティールににじみ出す

石塚　コンスーマー向けの商品を担当する技術者にとっては、自分自身で製品を使うことができるのが、最大のメリットです。なぜかというと、製品に自分の愛着とか魂を込めることが大変重要で、それは商品を自分で使い倒すことなくして生まれないから。与えられた仕事をこなすというんじゃなくて、情熱と魂を注入するということが、顧客に刺さる商品をつくる大前提だから。少なくとも、僕の現役時代はそうでした。

——それは今でも通用するとお思いになりますか。

石塚　それは思いますよ、間違いなく。そしてその情熱と魂は、デザインのディテールや、細かな使い勝手に出てくるわけですよ。細部に至るこだわりがお客さんを引きつけ、使い始めたら離れられなくさせる。

——なるほど。

石塚　開発者の情熱、愛着が物を見ただけで分かる、というのが最高だと思うんですね。そして、マーケティング的にはそれをちゃんと伝わるように語る。商品導入のときに、魂を込めたエンジニアの人が語るのもいいと思う。言葉は下手かもしれないんだけれども、朴訥《ぼくとつ》としているけれども……。

——何か言いたいことがあるらしい、というのが伝わってくるという。

石塚　それは思いがあるから、こだわりがあるからですよね。「この人は何か、自分がすごく大事にしていることがあるらしい。それは何ですか」と、人が興味を抱く。例の「こだわり・わりきり・おもいきり」の、こだわりという部分が大事なのは、こだわるというのは愛着や情熱につながるから。それを商品の見た目だけで伝えきることができるかどうかは、デザインにかかってくる。

——見て、そのこだわりが何なのかはともかく「ずいぶん気合入ってるな」ということが伝わってくると。

石塚　そう。よく僕の昔の上司が「ぱっと見て欲しくなる商品」って言ってたんですけれど、こうやって置いてあるだけで、「ほーっ」て。

自腹で買った気分で触れ！

――「ぱっと見て欲しく」なって、がんばって買って、いざ箱から出して手に持って「いいもん買ったなあ……」と、幸せになる瞬間。ありますよねえ。

石塚　僕なんか試作品が来たら、いつも顧客の立場になりきって、感情移入して触ってましたから。

――お客さんになりきって感情移入、ですか？

石塚　そう。僕は役者じゃないけど、「小遣いはたいて買ってきて、今、箱を開けた人」の気持ちになりきって。なぜかというと、作り手の気持ちが少しでも入っていると自動的に言い訳しちゃうから。

――つくる側の苦労を知っていると、「ここはちょっとボタンが小さいけど、まあしょうがないんだよな」とか思っちゃうから。

石塚　そうそう。なるべくそうならないようにするという。社内にいればお金を払わなくても最新機種に触れますが、お客さまはそうじゃなくて、頑張ってお金を貯めて、何回もウェブで調べてお店に通って触ってみて、どうしよう、どうしようと考えて、「よし、買うぞ」と。そして、家に届いた。箱を開けて、「おお」と。そこを自分の脳内で演じて、使い始める。

――一連の儀式を踏んでから触るんですね。

石塚　それなしにいきなり、「石塚さん、どうぞ」「うん」とやるのとでは全然気分が違うわけですよ。いつもできるわけじゃないけど、なるべくそうしないといけないよねと。

――お客さま目線になりきると、つい細かいところまでいろいろ突っ込んじゃったりして。

石塚　修正できるうちに、早く持って来いといつも言ってるんだけど「いや石塚さん、もう直せませんから」と嫌がられたり、「石塚さんに持っていくとなぜか不具合が出る」とか言われているらしいです（笑）。

それはともかく、今言った話は、ハードウエアもそうだけれども、アプリケーションとかソフト、サービスも同じだと思うんですね。だとするとリアルなモノづくりは「情熱を込めて、それを形で見せる」感覚を養うのにすごく有効だとも思います。

――学生時代からソニーファンだった自分から見ても、ソニーはそういう、「この会社の人たちって、自分が本当に好きなことをやっているんだろうな」と思わせる製品を出す、ほとんど唯一の会社だったんですよね。それが子ども心にも非常に鮮烈に刺さって。

思い出しましたけど、地元の大型家電量販店に行って、カセットデッキのコーナーで触りまくっていると、明らかにソニーのデッキは、デザインも、スイッチの触感も、それこそメーターの動き方からレタリングまで、明らかに他社と違う。もちろん音で比較すべきなんですけれど、今考えると「これは欲しい」と思わされたのは、そういうディテールに現れた製品への愛情、気合だったのかもしれません。

石塚　そうそう。そういうことですね。

やんちゃな坊やが大人になる日

――だとしたら、ソニーは子どもでも分かるくらい愛情や気合いをたっぷり持っていたし、得意技にしていたし、周りもそう認知していたわけです。そもそも社名の由来の一つが「Ｓｏｎｎｙ（坊や）」だったと聞きますし。

これはまたまた失礼な質問かと思いますが、「新しい遊び」を発明するのが得意だったソニーが、珍しくも、古くからある「写真」の文化を学び、アップデートする形で成功したのが、今のフルサイズミラーレスに代表される、ソニーのデジカメだった、ということではないか。石塚さんのお話を伺って、そう思います。ある意味、オーソドックスな趣味に、得意の最新技術を注入した、というか。

石塚　はい、それで？

――これは「やっちゃえ、ソニー」から「大人になったソニー」が、モノづくりの力を見せつけたという意味ではとてもめでたいのですが、「カメラの再発明」は、スマホがやってしまった、というところについては、いささか寂しくもあります。これについては石塚さんはどう総括されるんでしょうか。

石塚　そういう意味では、昔でいうところのソニーらしくない、と思いますよ。音声、映像で主役だった時代のソニーは、もっと自由だったから。

デジタルカメラの市場と、経営環境の制約がある中で取り得る、少ない選択肢の一つが、フルサイズミラーレスや、サイバーショットＲＸシリーズのプレミアム路線だったからね。その背景、経緯はこの本である程度語れたんじゃないかな。

――はい、そう思います。

石塚　だけど、プレミアムよりも、もっと変なことをやる、やんちゃなことをやるほうが昔のソニーらしいんじゃないか、と、皆さん言うわけですよね。「ソニーらしさ」というのはいろいろ議論があって賛否両論なんだけど、要するに、どこか〝へんちくりんなもの〟なわけですよ。

まっとうなこと以外はやる必要がない？

――はい、そうです。「今のソニーのデジタルカメラには、ひねくれたところがないですね」ということが、たぶん私、石塚さんに言いたかったんだと思います。

石塚　そうそう。そういうこと。今やっていることは非常にまっとう。

――デジタル一眼レフの王道を、ミラーレスの技術革新という王道で乗り越えてしまったという。まっとうですよね。まっとうで質が高くてみんな喜んでプレミアムな価格を払っているんだから、誰にも文句のないオールハッピーな状況なんですけど、そのひねくれたソニーの魅力、凄み、みたいなものというのはもう戻ってこないんでしょうか。戻る必要はないんでしょうか。

DSC-QX100（2013年10月）　これも立派な「サイバーショット」の一員。スマホの背面にアダプターで固定して使用する（スマホがなくても撮影は可能）。高級コンパクトデジカメ「RX100 II」のレンズとイメージセンサーが内蔵され、ファインダー代わりにスマホの大画面が使える。撮影したデータは無線でスマホに送る。「この手があったか」と唸らされる製品だった

石塚　僕は、そこについてはずっとあがいていました。第3章でお話しした、「ディスカバーＤＩ」は、「やりたいことがやれない」という技術者たちのガス抜きもあったけれど、本当に、ひねくれたというか、へんちくりんな商品を出そうという気持ちをかき立てて、残したかったんですよね。みんながやりたいこと、言いたいことを口に出す機会を用意したくて。例えばこの「レンズスタイルカメラ」は、ディスカバーＤＩらしい製品じゃないかな。

――レンズとイメージセンサー「だけ」でカメラになって、スマホにＮＦＣかＷｉ-Ｆｉで飛ばしてファインダーとして使う。確かに驚きました。今でも「これってまだ

「ディスカバー DI」は2007年から始まった社内アイデア共有イベント。運営も全て一般社員が行い、トップからの指示もないボトムアップ型のイベント。毎回200件以上のアイディアやモックアップ、試作機などを持ち寄って見せ合う。実際に商品化された商品や技術も多い

可能性があるんじゃないか」と思ってしまいます。

石塚　ですよね。ただ、このくらいのアイデアでは、製品化しても本流にはならないというか、商売にならないんです。

――売り上げの規模としてソニーが手掛けるには小さいということですか。うーん。

石塚　２０００年ごろの、デジタル関連なら何を出してもある程度売れちゃう、という幸せな時代が過ぎて、環境的に若い子たちに「もっと遊べ」と言っても、そこからメジャーになるチャンスが減っている。

――そこがつらいところですよね。こうした試みはこの先どうなるんでしょう。やめちゃうんでしょうか。

石塚　いや、ディスカバーDIのような試みはむしろこれからこそ意味があるんじゃないかと。ディスカバーDIは、事業本部長が代わってもいまだに続いている、お祭りというか、文化祭なんですよね。ビジネスとして成功した実績があるわけじゃないんだけれども、今は、僕らが若い頃よりも抑圧された状況になっちゃっているから、こういう機会を使って、もっと魂を開放してあげられたらいいなあって思っています。

――なるほど。技術者にとって最重要な「こだわり」のハートを燃やし続けるための方策として、ですね。

会社が燃やしてくれないなら、自分で燃えよう

石塚　と、組織がそういうことを考える一方で、技術者側も考えないといけないと思います。自分がこだわって、やりたいことをやろうとするのはいい。でも、会社は、儲からなかったら続けさせてくれないわけです。逆に、数字がちゃんと出ていれば続けさせてくれる。基本的にはね。

――会社を納得させる稼ぎを上げつつ、いかに自分がこだわりたいことを実現するか。

デジタルイメージング事業本部
基本理念(ありたい姿) ※Since 2007

一、 我々のDNAは、創造・挑戦・自律である

二、 オープンな組織風土を醸成し、自らの
技術と専門性をモノづくりで最高度に発揮する。

三、 顧客、社会、我々自身をわくわくさせ、
世の中に新たな映像・写真を楽しむ
ライフスタイルを提供し続ける。

1. Our DNA is based on creativity, a spirit of challenge, autonomy and self-discipline.

2. We want to foster an open atmosphere across the organization, where we leverage our technology and expertise to the maximum degree through "MONOZUKURI" (product creation).

3. We strive to excite our customers, society at large, and ourselves by continuously proposing new lifestyles for people to enjoy video and photography.

石塚　僕がDI事業本部長になった07年に、「基本理念（ありたい姿）」というのを作ったんです。

――今で言うパーパス、クレドってやつですね。英語にも訳されている。

石塚　我々のDNAは創造・挑戦・自律であると。世の中にいろいろ提案してわくわくさせるんだけど、お客さまだけじゃなくて、自分たちもわくわくしましょうよと。

――いいですねえ。

石塚　これが我らの理念だよねと。だけど、実際はこうなっていないよねと。

――あ（笑）。

石塚　なっていないね、なら、そのギャップは何だろうねと言って、それでさっきのディスカバーDIとか、ほかにもいろいろな活動を本部を挙げてやったりしたんですね。

――冒頭のDNAですが、「自律」という言葉が入るのが面白いですね。

石塚　これはこだわったところです。ソニーの設立趣意書に「自由闊達」という言葉があるんですけれども、それを勘違いして、後先を考えない、自分勝手になっちゃったりする人が昔のソニーには多くて（笑）。ですので「みんなプロだよね。ちゃんと自分でやったことに責任を持とうよ」と。

——自由には責任が付いてくると。

どうせなら仕事は楽しくやりたい

石塚　うん。自由にやるんだけれども、責任は自分で取るんだよね。それを言葉にすると「自律」になるわけです。

——なるほど、なるほど。

石塚　英語では、自律は「オートノミー」と「セルフディシプリン」の2つに分解しています。自らを律して、自律的に動く。両方の意味があるわけです。これを作るのに100時間ぐらい、合宿もやって議論しました。一字一句にみんなこだわって、過程はみんな共有しています。これが直接何かにすごく役立ったのかというと、分からないけど、でも、いまだに使っていますね。

——どういう思いでこれを作ろうと思われたんですか。

石塚　どこかの会社のどなたかも同じことを言っていたんですけれど、北極星みたいなものが欲しいと。迷ったときにぱっと見ると、自分たちの行く方向が分かる。

——なるほど。

石塚　そういうレベルでいいんです。これを一言一句頭の中に記憶しながら仕事に生かすとか、そういうんじゃなくて、常日ごろは忘れていてもいい。でも、迷うときだってあるだろうと。

皮肉なのか、偶然なのか分からないけれども、これを作った07年度って過去最高益のときだったんですよ。その最中に「業績は絶好調だけどこの先は分からない。こういうものが必要だろう」と考えて、迷ったときの指針を作った。半年くらいかかりましたかね。そうしたら。

——翌年はリーマン・ショックですね。

石塚　いつどうなるか分からないから、というつもりで用意していたら、次の年に本当にその通りになっちゃったという。

——いきなり役に立ってしまった。

石塚　やっぱり、どうせなら仕事は楽しくやりたいじゃないですか。誤解を恐れずに言うと、ブラックかどうかって、本当は勤務時間だけじゃないですよね。好きなこと、興味を持てること、やりたいことをやっているなら、いわゆる「フロー状態」になって、時間を忘れてしまう。

——私は雑誌屋としての経験しかありませんが、それはよく分かります。乗ってくると数日間無我夢中で寝るのも忘れてノリノリでやっちゃったりして。

石塚　ソニーにも昔はそういうことがいっぱいありましたよ。

——フロー状態になった編集部って、ばしばし企画を当ててるんですよ。だけど、仕事に熱中しすぎて、出勤簿がめちゃくちゃだとか、経費を使いすぎだ、自分たちばかり勝手なことをしている、みたいな感じで目を付けられたりしがちで。

〝暴走〟とマネジメントを両立するには？

石塚　そうそう。だから、そこの上にいるマネジメントにある程度の包容力があって、そいつらを守りながら、好き勝手にやらせる。そういうことが必要なんだよね。でも、突き詰めて言えば、「予算は達成していますよ」というところが大事なんですよ。組織としてちゃんと利益を生みながら、やりたいことを仕事につなげていく。

——ノリノリで「暴走」するだけなら、もしかしたらできるかもしれないけれど、それを事業として継続するとなると、自律とマネジメントが必要になってくる。

石塚　そう、メンバーを理解し守ってくれる人がいて、そこを導いてあげられたらいいね。

――個人や小集団が情熱のあまり暴走するだけでなく、事業としてきちんと回して、自律というところまでもっていくには、マネジメント側にも相当な能力が必要でしょう。暴走集団のやる気を保たせつつ、自律させる。これって二律背反のような気もしますけれど、石塚さんはどんなふうに心掛けているんですか。

石塚　どうだろう。新入社員も含めて「会社は今こういう状況だよ」というのを年に何回か必ず共有しています。全体はこうで、各事業はこうで、だから商品と技術はこういう立ち位置なんだよねと。全体感をみんなに持ってもらうことは意識しているかな。例えば、5、6人ずつの中堅社員との座談会を幸田以来、10年以上、数百回やっています。自分の考えを直接伝え、メッセージが伝わったかを確認し、同時に現場社員の生の声を聞くためです。

――それはどのくらいの時間を……。

石塚　1回90分はかけますね。あと、社内向けのブログを毎月書くことで、広くダイレクトなメッセージを伝えている、つもりです。毎回1万前後のアクセスがあるのが自慢（笑）。

――でもそれって相当めんどくさいというか、大変じゃないですか。

石塚　僕は悪い癖があって、個別の仕事を「とにかくやれ」と言われると嫌で、「何でやるんですか、何のためにやるんですか、全体の中ではどういう意味があるんですか」と、そもそものところから聞かないと気が済まないたちなんです。

――なーるほど、心から納得できます（笑）。

石塚　上司からはたいてい「うるさい、やれ」と言われるんだけど、理由が分からないまま動くのは、若い頃から嫌だったんですよね。僕みたいな人ばっかりじゃないと思うんだけど、仕事を指示するときは、背景、目的を必ずセットで言えよと指示はしています。それを分かっていて仕事をするのと、分からないまま「とにかくやれ」で仕事をするのとでは、結果に差が出るんじゃないの、と。

例えば、「やれ」と言われた仕事の途中で外部要因で何か変化が起きたときに、軌道修正をしなきゃいけなくなっちゃったとしましょう。そのときの判断がいかに迅速にできるかって、けっこう重要なんですよ。我々の業界もスピードが速いので。そこで現場の人が、判断するための材料を持っているかどうか、判断した経験があるかどうかって、大きいですよね。それを持っていることが「自律」の条件なんですよ。

――自律した社員をつくるには、情報を広く共有することが大前提になる。

さて、未来はどうなりますか？

——モノづくりをする側の人、組織のあるべき姿を伺ってきましたが、これから、ソニーのデジカメ、ひいてはモノづくりってどうなっていくんでしょうね。気が付いたらいつのまにか、ソニーの収益の多くをゲーム、音楽、映画といったソフトウエアが稼ぐようになっています。完全に「脱・モノづくり」もあり得るんでしょうか。

石塚　かもしれない。よく「10年後の我々はどうしたらいいと思いますか」とか聞かれるんですけれど、「それは俺には分からん。あなた方が考えなさい。だって責任のない人が言ってもしょうがないでしょう。感性も古いし」と答えるんです。本当に分からないので。ただ、「ハードそのものじゃないんだろうな」というのは、直感的に思うんですよ。

ハードウエアにアプリケーションを組み合わせて、ＡＰＩ（アプリケーション・プログラミング・インターフェース）を付けてサービスと連携して。商品単品じゃなくて、ＢｔｏＢも含めたサービスソリューションを提供する。チャンスがあるとしたらそっちだろうなと思います。デジカメで言えば、カメラ単体としての性能向上は今後もあるだろうけれど、マクロで見れば、進化はほとんど止まっているからね。

――ハードとサービスと組み合わせることで、突破口を探っていくことになるだろうと。

石塚　そうそう。いずれにしても僕が20年、30年前にやっていたような世界じゃないので、自分が語るべきじゃないと思うんですね。ただ、仕事の取り組み方とか情熱とかいうのは、何を作ろうが変わらないと思う。だからそういうことを伝えているつもりなんです。

――「こだわり・わりきり・おもいきり」には確かに、これを信じていればどうにかなるんじゃないかと思わせる、不思議なパワーがありますね。

石塚　一応、自分の技術者経験から編み出したオリジナルなので（笑）。英語版もありますよ。「Be Specific」「Be Decisive」「Be Bold」と言うんです。一応みんな韻を踏んでいて。

――「こだわれ・わりきれ・おもいきれ！」ですね。背中をばーんとドツかれたような、元気が出るワーディングです。

第10章

「デジカメ戦記」を離れた幸田時代を振り返る

今までの仕事を離れる機会は大事にしないといけません

―ここからは、石塚さんのビジネスパーソン戦記を伺いたいと思います。

石塚　何を話せばいいんですか。

―例えば、エンジニア、商品開発とキャリアを積んで、デジカメをはじめとするPI（パーソナルイメージング）関連事業のプレジデント（事業部長相当）になって、そこから2004年8月に「ソニーイーエムシーエス（製造事業所）」の執行役員常務に異動しましたよね。工場の責任者には初めてなられた。

石塚　はい。幸田テックですね。

―そこでの経験が大きく自分を変えた、とおっしゃっていました。このお話からどうでしょう。普通に考えて、商品開発のボスから工場長って、違和感というか、場違いというか、そういう感情はなかったのでしょうか。

石塚　いや、ここはもともとカメラの主管工場なので、私が担当していたP1もT1もこ

04年に石塚さんが異動したソニーEMCSの「幸田テック」は、現在は社名を「ソニーグローバルマニュファクチャリング＆オペレーションズ（SGMO）」に変更し、「幸田サイト」と呼ばれている。写真は現在のもの。（出所：SGMO）

の工場で製造していたわけですよ。

　だから設計責任者として、あるいは事業部長としてはしょっちゅう出張に行っていたし、もっと若い30代のハンディカムをやっている頃は、自分がPL（プロジェクトリーダー）で現場に張り付いて、製造の人と仕事をしていたから、人も現場も知ってはいました。

――そうなんですね。

石塚　もともと「創造販・一気通貫」、開発から製造販売までが一体になってこその事業だ、っていうのが私の決めぜりふ（笑）だったので、全然違う部署だという意識はなかったんですね。だから、自分の仕事としてはバリューチェーンの上流だけど、下流のことも必ず意識してやっていた。

――レンズのところでちらっと出ましたが、それは設計者として、例えば、工場での製造のしやすさとか、指示の分かりやすさみたいなことを意識するという。

石塚 そうそう。そうです。メーカーさんによっては、企画・開発と製造がはっきり切り離されていて、「自分の仕事はここまで」という会社や組織もあるんですよ。うちは結構、人の交流もあるし、シームレスにやっているほうだと思います。

――だったら、異動しても違和感とかは特になくて。

石塚 うん、違和感はなかった。なかったんだけれども、行って最初に気が付いたのは、自分は一気通貫のつもりでやっていたけれど、製造の側は「上意下達」みたいな感じで受け止めていた。そんな空気があることでした。

例えば、本当に、設計がよかれと思って製造のことを考えて図面を引いたとしても、実際に製造側の人間が見れば「品質やコストを考えたら、もっといいやり方があるのに」とか、現場に近い人のほうがよく分かることって山ほどあるんですよね。だけど、なんとなく上の工程に対してもの申すのは悪い、みたいな感じになっていて、気が付いてもあんまり言わないんですよね。立場は対等なのに、遠慮するわけですよ。

――なるほど。それはどうしてなんでしょう。

情報の差が〝遠慮〟につながる

石塚　一つ大きな原因としては、事業部とか本社のほうが情報を圧倒的にたくさん持っているわけですよ。例えば、世の中の情勢とかビジネス環境とか、そしてそれに対してどう手を打つか、という社内の情報も。

――工場のほうは「我々はモノづくりのプロ、それだけやっていればいい」という意識があるのかもしれません。

石塚　これまでは、そういう情報を知る必要を感じなかったかもしれない。「いやいや、あなた方、全部知りなさい」と、なるべく本社の事業部の情報は透明性が高い形で工場の人たちにも伝えるようにして。中期計画のブレスト合宿を事業部がやるんですけど、そこに工場の人も参加してもらったり。「こんな商品が3年後に来るから、こういうやり方をしようじゃないか」とか、「そんなに増産するんだったら、もっと設備を入れよう」とか、逆に「なくなるんだったらこれからどうしよう」とか、先回りして物事を考えるような文化にしていきたいと考えて、あれこれやりました。

まあ、僕みたいな性格の人間が現場に行くと、現場でわあわあ、わあわあ、言うわけです。「あなた方、もっとものを言いなさい。設計と製造は対等なんだからね」と。だから、うるさかったかもしれないね。「石塚さんはものを言い過ぎです」とかね（笑）。行ってみて、違和感はないけど「言いたいことを言えていないな」というギャップを感じたので、いろいろと変えました。

――工場時代に経営品質活動、顧客志向の経営という考え方に触れたと言われましたね。

幸田時代の気付きをまとめた石塚さんの大学ノート（現物）

石塚　そうですね。当時はたくさん人に会って、ノートにいろいろ書きました。

――どんなことが書いてあるんですか。

石塚　他社の工場、最終製品のメーカーとか部品メーカーとかの見学に全部で50社ぐらい行っていたんです。そこで経営者の方のお話を直接聞くと、みんな一家言ある方たちばかりで、そういう人たちの言葉や、そして本で読んで気になった言葉をこのノートにメモっていました。

一人ひとりの「人」をすごく意識するようになった

石塚　そうすると現場のこと、そして従業員一人ひとりのことに非常に関心がいくようになりました。僕は20代くらいは本当に開発と技術の人間で、30代から商品とか新規事業とかビジネスとかいうふうになってくるんですけど、基本的にそこの仕事ではあんまり「人」って意識していなかったんですよね。

——えっ、ちょっと待ってください。じゃあ、人じゃなくて何を意識していらっしゃったんですか。

石塚　商品、技術、ビジネス、物、だったんですよね。

——なるほど、なるほど。物と数字。

石塚　うん。「それのために人は何をするか」という順番で考えていたんです。けれど、それが工場に行ってがらっと変わりました。

工場って、とにかくものすごく人がたくさんいるわけです。当時の幸田で5500人だったかな。そうなると、工場のトップって、1つの村の村長さんみたいになるわけです。工場でやっている仕事って、結局、人のマネジメントなんですよね。

——そうなんですか。機械じゃなくて、機械を扱っている人のマネジメント。

石塚　そうそう。最近は自動化とかロボット化が進んでいますけど、カメラみたいな小さい商品って手作業の割合がけっこうあるんですね、人も雇うし、いろいろな会社の方もいる。総務系の仕事もすごく大変なわけですよ。これはものの例えですが、どんな村にもトラブルが起こるじゃないですか。東京のオフィスでやっているようなきれい事だけじゃない、「そんなことが」という仕事も案外多いんですね。

そういう中で、働く人たちがモチベーション高くいてもらわないと、成果も上がらないことを知り、どうやればいいのかを考えると、人に向き合う、とか、人を理解するとかいう話になってくる。工場では「経営品質」を熱心に追究している人もいたので、「ちょっと勉強させてね」と。

——そういうことでしたか。

石塚　あとは、工場はトップは割合とヒマだというのもあったので。

——いや、ちょっと表現に気を付けましょう。

石塚　本社にいるよりは自分の時間をコントロールしやすかったので。

――うまい（笑）。その時間をどう使われたのですか。

人を意識し、本を読み、他社を訪ね、腰が決まってくる

石塚　本をよく読みました。僕は小説が好きで、時代ものなんかもよく読むんですけど、この時期は経営書も読んで、なるほど、と思ったところをノートに書き写したりしました。今でもぱらっとめくって見ているんですけど、そういうのを自分の手で書いたり、実際に試してみたりしているうちに、何となく自分の腰が決まってくるというか、核が決まってくるみたいな感じでした。

「どうやったら気持ちよく働いてもらえるんだろう」なんてことを考えながら東京のほうを見ると、前は自分もその渦中にあって分からなかったことが分かってくるし、ソニー以外の会社を何十社も見ると、対比でソニーの課題も見えてきた、と。

――それは具体的にはどのようなことですか。

石塚　例えばときどき、事業部時代の部下が愚痴りに来るわけですよ。夜、飲みながら話

していると「石塚さん、実はこうだ、こうだ」と。特に課長ぐらいの、一番働きたい人たちが「忙しいのはいいんだけど、なかなかやりたいことができない。時間も、お金も、権限もない」と、ぶつぶつ、ぶつぶつ。

――中間管理職あるあるですね。

石塚　そういう話を聞いたり、自分の工場での体験や、うまくやっている他社の話と重ねてみたりするわけです。結論として「人が活性化して、生き生きして、元気に楽しく働かないと会社ってうまくいかないよね」という認識が、とても基本的だけど非常に重要だ、と強く思ったんですね。

――元気に働けていないと成果が、業績数字が出ない。工場もオフィスもいっしょだと。それが「幸田前」と「幸田後」の石塚さんの変化点だった？

「全部自分でやればいい」と思っていたけれど

石塚　私自身が幸田工場に行く前と後で何が変わったかというと、行く前って結構、機関車タイプというか、「俺に付いてこいよ」という、物事を全部自分でやるみたいな感じで、逆に言うと、あんまり人のマネジメントを意識していなかったんですね。

だけど、そういう意識でデジカメ部隊を引っ張っているときに、例のＰ１のバッテリーの品質問題とか、商品的な行き詰まりを抱えて、壁にぶち当たっていたわけですよ。特に品質のトラブルのときに感じたのは、「自分１人じゃ何もできないね」でした。そして、非常に多くの人に支えられた実感があって、特に普段は目立たない、品質保証とかカスタマーサービスとか、あるいは、クレーム対応とか、広報の人もそうだし、法務部とかも。直接普段は関わっていなかったし、知らなかった人たちにすごく支えられた感があったんですね。

工場時代に時間があると、そういう経験も思い出して反芻《はんすう》するわけです。なので３年後に戻ったときには、「まず人の話を聞かにゃいかん」と。

――それまではあんまり聞いていらっしゃらなかったと。

石塚　あ、いや、聞いたけど、結局、自分のやりたいことをしていたというかね。だから実は工場にいたときから悔い改めて、座談会というのを始めました。

――工場時代から座談会を始めたんですね。

石塚　最初は係長ぐらいの人たちと何十回もやりました。それを通して「とにかく人の話をゆっくり聞く」という、自分のビヘイビアというか、スタイルができてきたので、本部に戻っても、まず話を聞く。だいたい偉い人って、人がしゃべっている最中にそれを制止して、わあわあ、わあわあ、自分の話を始めるじゃないですか。

——いますね、いますね。

石塚　結局、話を聞かずに自分がしゃべっちゃっているみたいな人が結構多いんですよね。まあ、突っ込み所が見えたら言いたくなるのは分かる。分かるけれど、せめて話が終わるまで我慢して待つ。そんなことを含めて「だいぶ変わったね」と言われました（笑）。

茶番でなくすには、目線を合わせることから

——石塚さんのその座談会がちゃんと機能していたとしたら、その理由は何でしょう。悩める上司の方も多いと思うので、教えていただけませんか。

石塚　「意見を聞くよ」というのは、僕が言うのも何だけど、上司にとっては一つのポーズなわけですよ。

——率直なお言葉、ありがとうございます。

石塚　呼ばれるほうもある程度それは分かっていて「招集をかけられたら、行かざるを得ない」というところがありますよね。これを茶番じゃなくする方法が必要だ、ということだと思います。突き詰めると、目線、目の高さを合わせるということかな。「キリンの目」という言葉を自分で作ったんだけど。

――鳥の目、虫の目、とはよく言いますが。

石塚　鳥の目と虫の目の間にキリンの目があるんじゃないかというわけです。首を伸ばしたり、下げたりして、両方の視点を持とうということなんですが、座談会で言えば、自分から高さを調整して、相手と目線を合わせてみようと。僕は偉い人に会うときでもあんまり緊張しない、あるいは緊張してもそれはそれで楽しいぐらいなんですが、呼ばれているほうは、恐らくすごく緊張しているわけですよ。

――それはそうですよ。

石塚　緊張した状態で「自分の思っていること」を率直に話してもらうのは難しい。だからまず自分から目線を下げる。どうするかといえば、失敗談でもいいし、プライベートな話でもいいし、僕だったら孫の話とか、とにかくなにか「同じ人間」として共感してもらえる話を入れる。そこでようやく「この人の話を聞いてみようかな、言いたいことを言ってみようかな」という気分になるんだと思う。大上段に事業計画をバーンと語るだけだと、なかなか腹落ちもしないし、まして本音も出ないでしょうから、上役の「聞き置く」ポーズに、部下が「話しました」というポーズを取った、で終わってしまうんじゃないですかね。

——上から、それこそ鳥の目から見ると「何を言っているんだ」と思うようなことでも、首を下げて聞く。情報もあれば経験値も高い上司は、ついつい「俺の話を聞け」になっちゃうのが世の常だと思いますが。

石塚　ああ、思い出した。僕はかつて、幸田に行く前の上司、役員クラスの人に「石塚君は部下への物言いが結構きついよ」と、何度も言われていました。

——こうやってお話ししているとそうも思えないんですが（後ろで広報の人、無言で笑いながら首を振る）。

石塚　うん。実は今でもきついんです、本当は（笑）。でも当時は非常にきつかったと思います。結構、部下が反論できないような感じで物を言っていたみたいですね。

——高い位置から見るし、物事を根本から考えるクセがある石塚さんから、がーっとやっつけられたら、それは萎縮しそうです。逃げ道がなさそう。

石塚　いや僕もそんなヤツから叱られたくないな（笑）。でも当時は、パフォーマンスを上げるためだったら、手段はあんまり気にする必要はないでしょうという認識でした。もちろん、言った後で「まずいな」とは思っていたんです。でも、自分のコミュニケーションスキルがあんまり高くなかったし、正直に言えば相手の気持ちをおもんぱかるような余裕もなかったので。

――余裕。石塚さんはあっという間に偉くなられたんですよね。

石塚　正直言ってそうです。40代前半で事業部長、役員一歩手前ぐらいだったので（01年４月、モーバイルネットワークカンパニー　ＰＩカンパニー　プレジデントに就任）。抜《ばっ》擢《てき》人事だったんですよね。

――プレジデント。カンパニー制を導入した頃ですね。

石塚　20個ぐらいあったうちの１つで、「ちびっ子プレジデント」と呼ばれてました（笑）。

部下の数が急激に膨れ上がる

――デジカメ部隊のリーダーとして小さいチームを率いていたのが、いきなり１００人以上の部下をどんと持たされたわけですよね。

石塚　前にお話ししましたけれど、市場が倍々で拡大するにつれて、人もどんどん増えていって、幸田に行く前には事業部は400人ぐらいの部隊になっていた。

――そうか、ビジネスが伸びているから関わる人も急増して。

石塚　そこのマネジメント能力があんまりないままに、身の丈を超えた商売と組織を持つ羽目になり、たぶんスタックしていたという。

――お話をデジカメの開発史という形でお聞きしていたので、個々の商品に関して、うまくいった、いかなかった、こういうのが足りなかったというお話は聞けていましたが、その背後では石塚さんが見ていらっしゃる組織の規模とか内容みたいなものがどんどん大きく、深く、広くなっていっていたわけですね。

石塚　ええ、そうです。

サッカー選手から監督にクラスチェンジ

――逆に商品そのものを見ている時間はどんどん減っていく、ということに。

石塚　そうなるはずなんですが、幸田に行く前までは、自分が商品を考えて、自分でやり方も仕切って、指示を与えていました。幸田から戻って以降は、自分がいない間に育ってきた部下たちがそれぞれ得意な領域を持ち、僕がアサインすると。僕がやるよりも彼らがやったほうがいいものができるというのが分かったので。サッカープレーヤーから監督になったようなものですね。

――なるほど。

石塚　選手の選出が大事で、プレーするのは選手であり、部下だよねというふうになった。

――幸田に行かれる前はもうちょっとプレーヤー寄りだったわけですね。

石塚　というか、私、自分が選手のつもりでしたよ。

――でも、もうそのときに400人からの部下がいらっしゃったわけですよね。

石塚　それでもやっていたから。

――じゃあ、幸田は石塚さんにとって本当に、1回それまでの仕事のやり方を切って離れる機会だったわけですね。

石塚　そうそう。正直な話、幸田以前はプレーイングマネジャーを自認していましたから。プレジデントとか言われる立場なのに、日夜、寝ても覚めても商品企画のことを考えていましたから。

――それはそのほうが楽しいですもんね。

石塚　だけど、結果も出なかったし、自分の能力の限界も感じましたよね。

――04年までのサイバーショットのお話に、反省が多いのはそういうこともあったんですね。あのときもお聞きしましたが、数字は出ていたわけですから、開き直ることもできたのではないですか。

石塚　でも、数字の質はだんだん悪くなっていたんですよ。倍々でいくから、売り上げも利益も増える。一方でぽろぽろ細かく品質に関するトラブルが出るし、あと、そうそう、当時は「二毛作」と言って、春と秋のラインナップを用意していたんですよ。

――あったあった。あの頃はデジカメやパソコンはそうでしたね。

石塚　春に5機種、秋に5機種とかやって、だから、ものすごくいっぱい機種切り替えをやるので、売れ残りも出るし、在庫も溜まるし、最後は材料が余っちゃうんですよ。

――なるほど、そうか。

石塚　再利用できない部品で、洒落《しゃれ》にならないロスが出てしまう。利益率はどんどん落ちる。要するに、オペレーションのレベルが非常に低いまま成長してしまった。よくあるじゃないですか。スタートアップ企業が大きくなるときにいろいろな問題が出てくる、あれと同じですよ。私以外のメンバーも若かったので、経験不足だったからね。

満足するのが下手かもしれない

――でも、人間ってどこかで自己肯定、「これでいいんだよ」というふうに思いたくなるものじゃないかと思うんですけど。

石塚　うーん、そこはあまり満足しない性格だったかもしれない。「もっと何かできるんじゃないか？」って、いつも思いますね。言われてみると。

――なるほど、趣味とかでも「まだ上にいけるんじゃないか」ってすぐ考える人ですか。

石塚　うん、そうですね。例えばスキーを一時《いっとき》、すごくやっていましたけど、ああいうのは分かりやすいからね、級とかもあるし。ゴルフだとスコアとか。そういうはっきりした基準があると、もともとスポーツが好きなので「もっとうまくなりたい」と、結構徹底的にやりますね。

――じゃあ、ご自身の仕事の内容についても、製品はもちろん、効率性とか、いろいろなところで「まだいけるんじゃない？」と。

石塚　思います、思います。できていないことがあると、必ず直したくなる。

――やはり部下の方には厳しい上司ですね。でも、一度これまでの業務から離れたことで、「人」に興味関心が移って仕事のやり方を変えられた。小生意気なことを申し上げますが、ソニーのデジカメが「人の話を聞く」ことで復活したことと、重なるような気がします。

石塚　そうですか？（笑）

一度離れてこそ自分の強みが分かる

――変な質問ですが、2度もデジカメから、コンシューマー製品から離れたわけですよね。「いったいどういうことなんだ」とか思わなかったんでしょうか。

石塚　僕は会社員でしたから、来た仕事は淡々と受け止めて全力でやる、というのが基本の考え方なんです。その上で、出戻りを2回やって思ったのは……コンスーマー製品をやっていても、「自分はこれでいいのか」と悩んだことはあります。人って、必ず悩む時期があると思うんです。工場に行ってみて、この仕事もやりがいがあるけれど、「それでも僕は商品をやりたい」って、やっぱり自分は心の底で思っていると気が付きました。

その後復帰して本部長（DI本部長）をやって、業績もよくて、NEXも仕込んでと、やることをやったのでデバイスに行くわけですけど、このときも実は、「やっぱりSONYのブランドの付いた商品を自ら手掛けたいな」って思いました。「自分はそれが得意なんだ」って、改めて気付かされた。

――これもいったんその仕事から離れたから……。

石塚　そう、分かることですね。ずっと同じところにいるとたぶん、自分が何が得意なのか、自覚できないんだと思います。「来た仕事は淡々と受け止めて全力でやる」ことには、置かれた場所で咲け、ということだけではなくて、自分の強みを自覚するために、という面もある。だから、会社員で成長するなら修羅場経験と異動の経験はすべきだし、させるべきですよね。本質的に必要な社員教育だと思います。

――強みを知ることができれば、仕事に対してポジティブになれるし、好きな仕事をしていれば、最初のほうでおっしゃっていたように、自《おの》ずと成果も出てきますよね。

石塚　とはいえ、最近、若い衆に「管理されている」ってこぼされました。だんだん普通の日本企業化しているのかもしれないな。世の中の若い方たちの考え方が、僕らの頃からは考えられないくらい自由になっているし、多様さを真面目に考えて、尊重しようとしているところしか残らないんじゃないですかね。

——そういう子たちに力を発揮してもらうためには、会社の側も変わらなきゃいけないと。

石塚　そうそう。結局、どんなに必死に人をつなぎ留めようと思っても、会社に魅力がなかったら辞めちゃうし。42年も最後まで残っていた僕が言うのも何だけど、若かったら、転職しているかもしれないな、と思うこともある（笑）。

——でも、振り返れば石塚さんが面白く過ごすことができた会社であったわけですよね。

石塚　ええ。いろいろありましたけど、僕は本当にいい会社にいたと思います。

石塚茂樹さんは、2023年3月末でソニーを退社されました

第11章

石塚さん、ソニーの青春を聞いてもいいですか？

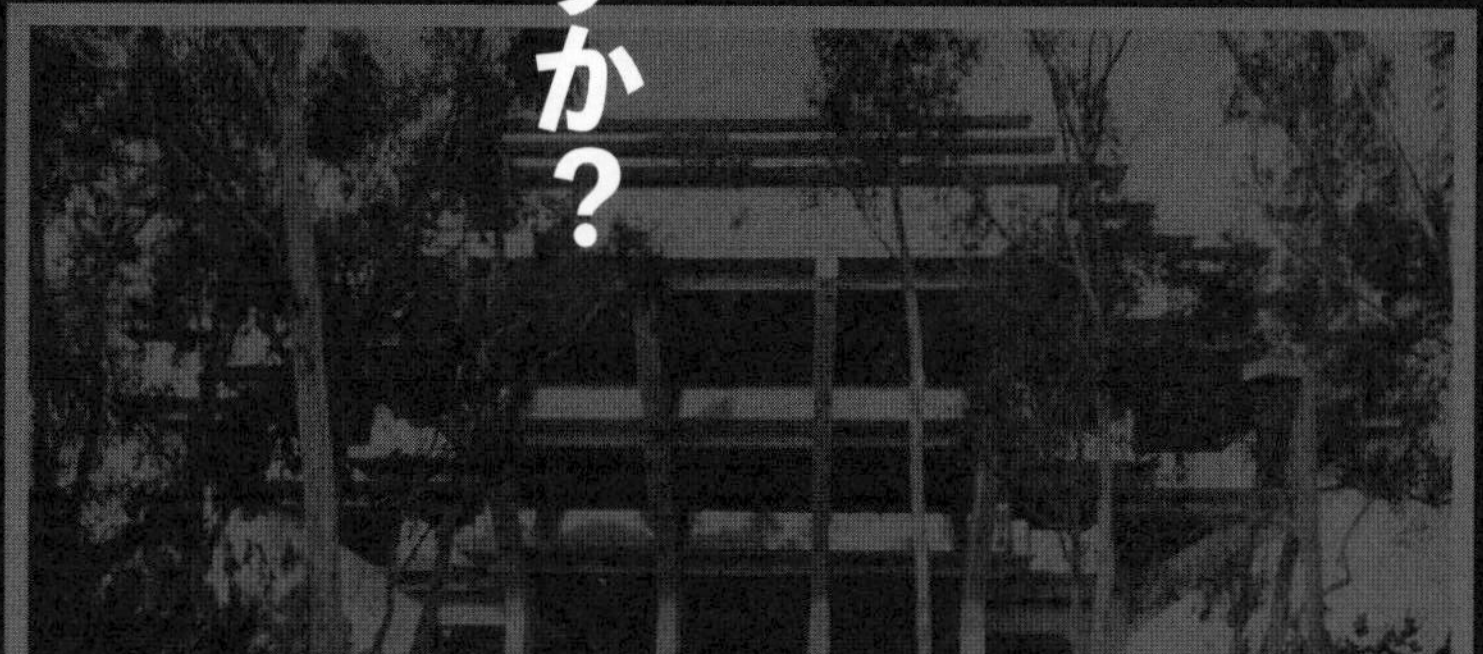

「盛田ですが」と職場に電話がかかってきた日

——長々とお付き合いをありがとうございました。そろそろおしまいにせねばなりませんので、ちょっと昔話をお聞きしたいんですけど。

石塚　かまいませんけど、今度は何を話すんですか。

——例えば、石塚さんが自分で自分の強みというか、好きな道に気が付いたのはいつごろからでしょう。俺は技術者向きなんだな、とか。商品開発に向いているな、とか。

石塚　技術者の道に進むことはですね、自分で決める前にほぼ決まっていたようなものなんです。父がエンジニアで、メーカーに勤めていました。家では仕事の話をよくしていて、しかも父の会社とその周りの人たちが家に入り浸って、毎晩のように家で酒盛りをやって、「お前も来い。ほらこれがうちの坊主だ、ちょっと酒をつげ」とか言ってね。

——昭和ですねえ。うちの父は営業職でしたが雰囲気は分かります。

石塚　そういうのを見ていた。そして、3つ上の兄が最初から技術系っぽかったのね。弟は兄の背中を追いがちじゃないですか。なので高校から理数系に行って、大学も工学部に行って。周りにロールモデルがほかになかったので、違う進路は思いもよらなかったんですよ。一応理数系が得意だったし。

――小説が好きだとおっしゃっていましたけれど。

石塚　そうそう。文学と地理と歴史が好きで、大学に入っても「文系のほうが面白いよな」とは、ずっと思っていました。途中で文転しようかなと考えもしたんですけど、そこまで踏みきれず。それで就職のときも何となく惰性で。

就職先はなんとなく決まった

――えっ、惰性ですか。「俺がソニーを輝かせてやる」とか思わなかったんですか。

石塚　だって、大学に入ったら、スーパー頭のいい理科系の人たちがごろごろいる。入った瞬間にかなりめげるわけですよ。これは間違えた、失敗したと。

――「俺なんてたいしたことないな」と。石塚さんがそう思われたのは意外ですが、まあ入った大学が大学だし、自分もそうですが地方出身者あるある、ですかねえ……。

石塚　大学院に行くまでもないなと思い知って、早くここから出たいと思ってました。大学時代は初心者だけど、一応体育会のバレー部もやっていたので、そっちの時間のほうが長かったんですね。勉強は落第点を取らないぐらいのそこそこでやって。就職のときも一応考えたんですよ、ここ以外のところも。

――ご謙遜も極まれりだと思いますけれど、では、ソニーを選んだ理由は？

盛田さんのような、「空飛ぶエンジニア」になりたい

石塚　自分の性格として、純粋な研究職とか技術を深掘りというよりは、外に出る仕事のほうが向いているかなと思って。国際ビジネスマンの盛田（昭夫）さんみたいな、グローバルなエンジニアでビジネスもできる人に憧れていました。面接のときには、これは本当に言ったかどうかはもう定かではないけれど、「空飛ぶエンジニアになりたいです」とか、言ったような気がします。

――世界中を飛び回るエンジニア。

石塚　研究よりは設計とか開発、もしかしたら営業に出る技術者、みたいな、外と仕事が

できるようなことを希望していた……ような気がするんですよ。でも、ソニーに入ったら全然そうじゃなくて、普通に開発部門に入って。でもそれはそれで、そこまで思い詰めていたわけじゃないので抵抗もなく仕事をしていました。

——入社された1981年って、ソニーがCDを出した頃ですかね。

石塚　「CDP-101」が出たのは82年ですね。「ウォークマン」が79年。僕は大学時代に「ウォークマンII」を買いました。エレクトロニクスが一番ぴかぴかな時代でしたよね。マビカも発表していたし、トリニトロン（ソニーのカラーテレビ）も調子がよかったし。僕が最初に入ったのはベータマックスの部署で、そのときはまだベータもよかったんですよ。

——最初に入られたのがベータマックス規格の、ホームビデオの開発。

石塚　画像や音声信号の処理で、画像処理エンジンにつながる技術ですね。でもベータの開発は、僕が入ってから数年で行き詰まっていきました。何度も話しましたけれど、「つくりたいもの」と、「マジョリティを取れるか」の間で苦しんで、結局、フォーマット争いに負け始めるんですよね、80年代の半ばごろから。

——ベータはいつまで関わっていらっしゃったんですか。

石塚　85年から1年間留学するんですけど、その直前までだったと思う。

――当時、ソニーの方だったら普通に留学に行っていた感じなんですか。それとも選抜されて。

憧れの米国留学へ！

石塚　選抜です。手を挙げて、自己推薦で全社で年間10人ぐらいかな、社費留学なんです。私がソニーに入った動機の１つは、海外留学制度があること。海外に行きたかったんですけど、旅行すら1回もしたことがなくて。だって、当時は１ドル２４０円とかでしたから。

――すごい円安ですね。

石塚　パスポートも持っていなかったです。留学のときに初めて取りましたよ。

――留学先は？

石塚　米国です。行き先はアメリカしか考えていなかったですね。圧倒的に面白そうでしたから。

――アメリカで何をされたんですか。

留学先の大学のキャンパスで

石塚　何って、一応表向きは勉強していましたけど。

——裏向きは？

石塚　いや本当に。大学院、マスターコースに入って、1年でマスターを取るというのが目標だったので、めちゃめちゃ勉強しましたよ。でも英語が全然分からなくて。

——えっ、そうだったんですか。

石塚　本当に分からなくて。でも当時はそんなものですよ。普通の英語も分からないし、カリフォルニアだったので、学生も外国人が多くて、先生も結構ダイバーシティがあって、特に技術系ってインド系とか、あと、ヨーロッパのイタリア系とか、いろいろな人がいたので英語はかなりブローク

「サンディエゴにて。風光明媚な海辺の景色を記憶にとどめたく、自分のクルマのボンネットにカメラを置いて自撮りした。カリフォルニアの青い空は今でも懐かしい」（石塚さん談）

ン。特にインド人の先生が使う英語って分からなくて。宿題が出るんですけど、締め切りが分からなかったりして（笑）。

——いや、笑いごとじゃないのでは。

石塚　いつもだいたい隣の人に「何て言ったの」と。でも1年でマスターが取れたんです。理数系だからリポートや試験は数式ばっかりで、英語は接続詞しか使わない、というおかげもありますね。学んだことはざっくり言うとモバイル通信の基礎技術やデジタル変調方式についてで、これはモバイル領域の仕事をすればど真ん中だったんですが、残念ながら帰ってから使う機会はないままです。

学期の間とか休暇のときに旅行に行くの

が楽しみでした。例のKさんがロサンゼルスにいて、僕がサンディエゴにいたので、車でちょうど2時間なんです。休みのときは彼と旅行をしましたね。東海岸、デスバレー、あと、ラスベガスにダイアナ・ロスを見に行ったり。

——ダイアナ・ロスですか。それはうらやましい。

石塚　基本的には勉強しようと思って行ったんじゃなくて、とにかくアメリカに行きたかった。海外赴任も本当はしたかったんですけど、カメラ部門ってなかなかチャンスが少なくて。テレビだったら世界中に工場があったので、米国、英国、スペイン、ドイツとか、いろいろなところに行けたんですけど、カメラは日本で設計して、日本でつくって、輸出するというタイプなので。今は変わりましたが。

——ドメスチックだったんですね、そういう意味では。

勉強以外で役に立ったことは？

石塚　販売会社はあるんだけど、当時は技術の拠点は海外になかったんですよね。だから「営業になります」と言えば駐在できましたけど、そこまでの度胸はなかった。その代わり、死ぬほど海外出張に行きました。

——留学が、勉強以外の部分で役に立ったことはありますか？

石塚　勉強以外はすごくありまして、とにかくすぐ学んだのは、アメリカにいたら、言葉ができようができまいが、自己主張せんといかんなと。クルマを修理してもらうにしても、電話料金の利用明細にしても、全部自分でチェックして、言うべきことを主張しないと、全然直してもらえなかったり、使っていないお金が請求されていたりしました。黙っていると相手の都合のいいようにされてしまう。こういうとギスギスしているみたいだけど、その分、あちらの人は相手の主張はちゃんと聞くんですよ。たとえ英語がブロークンであろうが。

——なるほど。

米国で「言いたいことは言う」スタイルを学ぶ

石塚　分け隔てなく接してもらえるので、僕もしゃべるほうは何となくしゃべれるようになったんです。だけど聞くのは全然だめで。遠慮なくばんばん、ばんばん、言ってこられると、日本人は「うーん、分かった、分かった」ってにこにこして済ますんだけど、実は分かっていない、みたいなことになりがちじゃないですか。でも、そこは済ませずに、「すみません、分からないのでもう1回言ってくれませんか」と言うと、「ああ、そうなんだ、じゃゆっくり話そう」と。

結局、自分に責任を持つ、例の「自律」ですね。あれは、「言うことは言う」「やりたいことがあったら、遠慮しないで主張する」という意味も入っています。このときの経験とつながっているような気がする。

――石塚さんなら米国でも心配なさそうですが。

石塚　うん、僕はもともと日本にいたときから遠慮するタイプじゃなかったし、考える前に口にしちゃうみたいなところがあって、それで結構失敗が多かったというか、ストレートに言い過ぎているところがあって。

ところがそんな自分でも、やっぱり英語ができないとどうしても遠慮しちゃって、「シゲキ、お前はシャイだなあ」とか言われたんですよ。シャイなんて言われたことは一生でほとんどないのに。でも、しゃべれないとシャイになっちゃうじゃないですか。これは自分でも驚いて「言いたいことが言える」大事さに改めて気付きました。

——そして日本に戻られてから8ミリビデオのお仕事を。

石塚　そうです。開発に戻りました。

ビデオカメラの手ぶれ補正の「開発」に携わる

——とても今更なんですが、ソニーさんを始め、メーカーの方が言う「設計」「開発」の違いが実はよく分かっていないんです。

石塚　ソニーの言葉で言うと、設計（商品設計）の人は型名の付いた商品を商品企画と一緒になって、工場で量産するまでの設計をするんですよ。売り出す直前の所までやるわけです。開発というのはその前段階で、ある特定のモデルのための仕事ではなくて、その前段、上流の段階を担当するんです。例えば「手ぶれ補正の開発をやっています」と。そして手ぶれ補正の技術が完成したら、いろいろな機種に使えるように要素開発をやったり、部品開発をやったり、システム開発をやったりする。

　僕は入社して10年ぐらいはだいたい開発だけだったんですよ。なので、新しい機能を持つＩＣとか、ＬＳＩとかを設計して、基本的なソフトウエアも書いたうえ、それを商品をつくる事業部に売り込む。「これこれの新しいものを開発しましたので、使ってください」と。事業部の要請でやるところもあるんですけど、

――なるほど。ベータの開発をやって、留学から帰って8ミリの開発に移って、と、スタートからしばらくは、商品そのものではなく、要素技術のほうに携わっていたわけですね。では、石塚さんが後に自らの強みと認識した、設計のほうに移られたのはどういう経緯が？

石塚　88年ごろから、ビデオとカメラの開発部署で新規機能の開発担当をやっていたんです。上司から「カメラの手ぶれ補正をやってよ」とざっくりした指示をもらって、1人でしこしこと。画質と、ぶれの補正に優れる光学式、小型化が期待できる電子式（画像処理）の二通りがあって、私は両方とも手掛けていました。

――それを商品設計の人に売り込みに行くわけですね。反応はいかがでしたか。

石塚　よくなかったです。「コストが高いし、光学式は大きく重くなる。いらない」と。

――あらら。当時はソニーの8ミリハンディカムは、競争相手の規格「VHS-C」に小型軽量で先行していたからでしょうか。

石塚　ところが90年に、ライバル会社が小型軽量の上に「手ぶれ補正付き」を売りにした強力な新型機を出すわけですよ。

――パナソニックの「ブレンビー」ですね。ラッキィ池田さんの振り付けで鈴木保奈美さんがダンスをするＣＭの。今でもぱっと曲を思い出せるくらい当時話題になりました。

石塚　そう。業界にショックが走りました。

――「小さいだけじゃもうダメ」と保奈美さんが煽《あお》っていました（笑）。

石塚　というわけで「うちにはああいう技術はないのか」と騒ぎが起こって「だから前から申し上げているじゃないですか」となって、開発が日の目を見ます。製品に搭載されたのは92年の「ＣＣＤ－ＴＲ９００」ですね。こちらは光学式の手ぶれ補正で、ぶれないだけでなく画質が（電子式に比べて）いいわけです。

――そこは、ライバルと戦うためにも強くアピールしたいところです。

石塚さん、初めて娑婆《しゃば》に出る

石塚　どういう宣伝をすればＴＲ９００の良さが伝わるのか、開発者にもいっしょに考えてほしい、と言われまして、営業や宣伝、そして広告代理店の人と話して「メリーゴーラウンドに乗って、手ぶれ補正を入れたり切ったりしながら撮影した映像を見せる、という

CCD-TR900（1992年4月）　光学式手ぶれ補正を搭載して大ヒット作となり、前年にライバル機種に奪われたシェアを奪還した

のはどうだろう」というアイデアが出ました。「フィールドテストに行こう」と誘われて、みんなで勤務時間が終わってからディズニーランドに行ったわけです。

――いいノリだなあ。

石塚　これが僕の中では、「初めて娑婆に出た」みたいな気分だったんですよね。ずっと研究開発の穴の中にいたのが、ディズニーランドに引っ張り出されて、「こんな楽しい仕事があるんだ」と思った（笑）。

――ユーザー目線を初めて意識した、ということかもしれませんね。

石塚　結局「手ぶれとメリーゴーラウンドの揺れは違うね」という当たり前の結論になりまして、このアイデアはボツになり、僕は関わらなかったんですが、玉乗りをしながらビデオを撮っているピエロ、というのがＣＭの映像になりました。これがきっかけで、僕は社内の販売関連の会議にも顔を出すようになっていった。

ある日、海外の販売会社の人が日本に来ました。彼らに対して日本の海外営業の人たちが、新しいフィーチャーの紹介を英語でやるんです。僕も後ろで聞いていました。ふと販売会社の人たちの顔を見ると、「?」が浮かんでいる。ＴＲ９００の光学式手ぶれ補正が、ライバルの電子式に比べてどう優れているのかが、どうもうまく伝わっていない。

「開発者です、説明させてください」

――まずいですね。

石塚　イライラしていたんですが、途中で我慢しきれなくなって「エクスキューズミー、開発者のイシヅカです。私に説明させてください」ってしゃしゃり出て、海外留学で鍛えた下手くそな英語と、身ぶり、手ぶりで、ライバル機と性能比較の実演をやったんです。考えてみると、あれが仕事で初めて英語を使った瞬間だったな。

——で、伝わったんですか。

石塚　終わったら拍手されました（笑）。

——拍手ってなかなかないんじゃないですか。うれしかったでしょうね。

石塚　商品の特徴を販社の人に話す、という体験は初めてでしたけれど、まず「伝わった！」と思えば、腹落ちもしてくれるのかもしれませんよね。まず社内の、売る人に特徴を分かってもらえなかったら、どんないい商品でも売れるわけがない。当たり前なんですけど、それに気付いたのもこれが最初です。

　比較して説明するにしても、やっぱり開発者はライバル機を研究し尽くしているし、負けるもんかと気合が入っているから、「こうすれば伝わる」というツボが分かるんです。そこが腑《ふ》に落ちれば会議室にいる人たちも、自社の強さが実感できて「おっ！　これなら売れるぞ」と思うし、雰囲気も明るくなって、拍手もしてくれた、と。

——逆に言えば、開発者は売り手が納得するように説明できてこそ、ってことかもしれません。

石塚　エンジニアが説明するときに「専門用語は禁止ね」って、僕はよく言うんですが、普段から普通の人に分かるように話す意識は大事ですよね。

といった次第で、ＴＲ９００は単独でシェア5割以上を取るヒット作になり、僕は「自分は、ピュアなエンジニアになるよりも、外に出る仕事がしたい」と考えていたことを、図らずも初体験して、思い出した。

——なるほど、石塚さんはついに「自分の仕事」に出合ってしまった。

何によって自分の仕事に出合うのか、全く分からない

石塚　出合っちゃったものだから、つくるだけじゃなくて、どうやって売るかについても興味を持つようになりまして。販売関連の会議だけじゃなく、販売店の視察にも積極的に参加するようになって、そして、自分で手を挙げたわけじゃないんですけど、94年の年末に事業部長が「ちょっとちょっと」とか言って寄ってきて「石塚君、来月から設計に行ってよ」と。

——ついに、いよいよ。

石塚　機能じゃなくて、商品としてのハンディカムの機種の設計責任者をやってくれとい

うことでした。もう自分の中で機が熟していたので、「分かりました」と、開発から設計に異動しました。

改めて考えてみても、自分で自分が何に向いていて、何をやりたいのか、はっきりした答えはあの販売会議の時点までは持っていなかったですね。チャンスのつかみ方も知りませんし。本当に巡り合ったというか。

――変な言い方ですが、ライバル社のヒット商品が石塚さんを「デジカメ戦記」を語る人生に押し出した、あるいは、そのきっかけをつくっちゃったような。

石塚　まあ、そうですね（笑）、あくまで偶然ではありますが。外圧でも、人事ローテーションでもいいけれど、やっぱり変化やそのきっかけがあったほうが、「出合い」の確率は上がる、ということは言えるんじゃないですかね。競争の中に出ていく、という言い方もできるかもしれません。

――さて、8ミリの商品設計のあとはどうされたんでしょうか。

石塚　スタミナハンディカムの設計PL、PM（プロジェクトリーダー、プロジェクトマネジメント）をやりつつ、新規ビジネスの課を兼務で立ち上げ、そしていくつかあった新規ビジネスの中にデジタルマビカがあった、というわけです。

――なるほど、これで冒頭につながりましたね。このときの新規事業って、デジタルマビカのほかにはどんなものがあったんですか。

石塚　光ディスクを使うカムコーダーとか、売れなかったですが、Ｐ１のところでちょっと出た「Ｒｕｖｉ（ルヴィ）」とか、「ＭＩＣＲＯＭＶカセット」を使うビデオカメラ、ＩＰ７だったっけ。あれにつながる開発とか。

――ＩＰ７というと「ネットワークハンディカム　ＤＣＲ－ＩＰ７」（２００１年）ですね。あれも先進的だったなあ。

総当たりでメディアの未来を試す

石塚　１９９６年ごろの中期計画の中で「ＡＶ製品のデジタル化、ＩＴ化を進めよう」という動きが始まっていて、「カメラやオーディオ、ビデオのメディアって、今後はどうなるでしょう」ということで、たくさんの選択肢があったわけです。テープから始まって、磁気ディスク、光ディスク、まだ勝負は完全には決まっていなかった。

　未来はどっちにいくか分からない。ならば、総当たりで試そうとしたわけです。どのメ

DCR-IP7（2001年10月）愛称「ネットワークハンディカム」。手のひらサイズのボディに、動画のネット配信機能を盛り込み、メディアは「MICROMVカセット」を新開発。「未来だけを見てやりたい放題」な、ソニーらしい製品だった

ディアが容量を大きくできて、価格を安くできるの？　と。テープ、ハードディスク、光ディスク、半導体メモリー。「もちろん、ゆくゆくは半導体でしょうけれど、そこのトランジションの中で我々はどういうマイルストーンで行きましょうか。ま、とにかく、やってみなくちゃね」と。

——だから全部？

石塚　そう、可能性がありそうなものに全部手を出して、いろいろなことをやって、途中までいったら、「事業化はこっちの課でお願いします」って手を離す。そういう仕事でした。デジタルマビカはその中で唯一、自分自身の手で、最初から最後までやったんです。

――ああ、そういうことか！　じゃあ、上司の方の思いつきで生まれた、という面はあったにせよ、まずソニーの中に「いろいろなメディアでデジタルカメラを作ろう」という流れがあり、そしてそこからデジタルマビカが出てきたわけですね。

石塚　そうそう。しかも、これもすでに触れたけれど、僕らは基本的に8ミリビデオから来ているので、記録する際にまず考えるのは動画なんですよ。逆に言うと、動画が記録できないカメラ、という発想がない。だからフロッピー記録でもデジタルマビカは動画が撮れたわけ。

――フロッピーだとせいぜい数十秒くらいでしたよね？

石塚　ＦＤ７で15秒から最大で60秒だったかな。僕は打ち上げ花火を撮ったっけ（笑）。

　スマホで動画を見るようになってきたので皆さん納得されると思うんですけれど、不慣れな人がだらだらと撮った動画って見ていられないんです。かといって編集は面倒だから、数秒間しか撮らないほうが小気味いい。講習を受けたこともあるんですが、プロは短く撮ります。実際にカムコーダーに「５秒ＲＥＣ」というモードを付けたこともあります。５秒でもけっこう見られるんですよね。

――確かに確かに。それにしても、これでやっとソニーのデジカメの歴史の全体が見えてきた気がします。

「個人の動画配信時代が来る」と経営層にプレゼン

石塚　あとこの頃って「3G」がこれから来るぞと言われていましたよね。

――5Gが始まった今となっては何もかも懐かしいですが、「移動体通信」の幕開けの頃ですね（日本では2001年にNTTドコモが「FOMA」で3G通信サービスを開始）。

石塚　そうそう。それで新規事業課を兼務していた1997年に、上司から「ソニーの経営幹部全員を集めた会議で何か面白いことをやってくれ。現業じゃなくて未来の夢を語ってほしい」って言われて。

――言われて。

石塚　こっちもまだ若手でしたから「ようし」って思って。「今までは、コンスーマーができるのは〝見る・聴く〟といった受動的なことにとどまっていた。しかし移動体通信が普通になれば、個々人が持つ〝見せたい・聴かせたい〟といった主体的な情報を発信する需要が生まれる。そこに応える新たな商品やビジネスを創造して『Personal B

VLOGCAM ZV-1（2020年6月） 個人がウェブに動画で発信する「Vlog」の流行を生んだ「VLOGCAM」シリーズの最初の1台。「シューティンググリップ」を組み合わせて撮影するスタイルに、四半世紀前に石塚さんが妄想した「Personal Broadcaster」の姿が重なる

roadcaster』を実現したい」と、ぶちかましたわけです。

——えっ、それを26年前に。なんだか恐ろしく芯を食ってませんか。

石塚 で、当時の超小型ＤＶカメラ「ＤＣＲ－ＰＣ７」を手に持って演壇から飛び降りまして、役員席の大賀さん（大賀典雄会長・当時）をＰＣ７から会場の大画面プロジェクターに写して「ネットワークよりフットワーク！」で締めました。

——すごい。

石塚 もし大賀さんが不機嫌な顔でアップになったらどうしよう、と、どきどきしながら（笑）。

——大賀さんの画像はカメラからネットワ

ーク経由でプロジェクターに送ったんですか。

石塚　いや、ビデオ出力をアナログ変調する回路と外部アンテナをＰＣ７に仕込んで、舞台の裏で信号を受信してプロジェクターに映す、という、超アナログで（笑）。無線が趣味のエンジニアがいて、楽しんで改造してくれました。

——それにしても、まるで２００５年開始のＹｏｕＴｕｂｅ、あるいは11年前後からの動画配信の時代を見越していたようなデモじゃないですか？

石塚　怖い物知らずだったので、自分の妄想をそのまま偉い人たちに披露しちゃったわけです。当時のソニーのおおらかさに乗せられたところもありますね。

　確かに10年先の読みとしては悪くなかったかもしれませんが、幸か不幸か、自分はこの後、デジタルマビカのヒットでデジカメに専念することになり、妄想を具体化することはできませんでした。

——第3章で「あと一息でスマホじゃないか？」と思うようなデジカメのお話が出ましたけれど、00年代のソニーにはデジタル社会をリードできる可能性があったのでは、と改めて思いますね。さっきのＩＰ７なんて、まさにご自身が宣言した「Ｐｅｒｓｏｎａｌ Ｂｒｏａｄｃａｓｔｅｒ」の先駆けだ。

石塚　自分が初期の仕込みに関わった責任上、自己批判しておくと、ＩＰ７は「こだわり・わりきり・おもいきり」の目利きがうまくいかず、売れませんでした。「パソコンを経由せずに、Ｂｌｕｅｔｏｏｔｈ搭載の携帯電話などでネットに直接つながる」のがセールスポイントでしたが、使い勝手も実用性も中途半端で。

——それは当時の通信環境を考えれば仕方がないのでは。

石塚　いや、環境が整わないなら機能や用途を割り切って違う魅力を訴えるべきでしょうし、本気でＰｅｒｓｏｎａｌ　Ｂｒｏａｄｃａｓｔｅｒを実現したいなら、それこそ10年先を見据えたロードマップを描いて、中長期で仕込んで商品化すべきでしょう。ＩＰ７は新しいテープフォーマットやＬＳＩまで起こして開発しながら、半端なところで出してしまった、大失敗に終わったチャレンジでした……という話を、うちの「ＶＬＯＧＣＡＭ　ＺＶ－１」が出たときに思い出して、社内ブログに書いたんですけどね。

——Ｖｌｏｇ（ブイログ、動画配信によるブログ）さんたちに人気のデジカメですね。ＶｌｏｇｇｅｒはまさしくＰｅｒｓｏｎａｌ　Ｂｒｏａｄｃａｓｔｅｒでしょうから、石塚さんの失敗は、しかし最終的にはビジネスとして結実した、というところでしょうか。

石塚　どうなんでしょうね。あ、ブイログって和製英語で、英語ネイティヴの人は「ヴログ」ってましたよ。

製造業の神様は細部に宿る

——失敗といえば、DSC-P1のバッテリーのトラブルのお話を最後にお聞きしてもいいでしょうか。そこから何を学ばれたのでしょう。

石塚　学んで身に付けたのは、製造業の品質において、「神は細部に宿る」という信念ですね。

——細部に。

石塚　なので、事業部長や役員になってからも「ここまで言うか？」と思われるであろうくらい、製造ラインで出た問題や、ユーザーからのクレームなどについて、敢えて口出しをしていました。

——それってけっこう嫌われ役ですよね。うるさがられるのを承知で、言わずにいられないくらい手痛い失敗だったということでしょうか。

石塚　第2章でお話しした通り、Ｐ１は自分が責任者としてものすごく力を入れてつくって、全世界で大ヒットした。ところがそれが問題を起こしてしまって、ネットで炎上し、大規模な告知と回収をすることになった。どれくらいの人にご迷惑をおかけしたのかという自責、社内でも、対応する人や費用が大変なことになるだろうという恐れで、実際の準備の最中は眠れない日が続き、体も心も調子を崩してしまいました。

　最後は「お客さまの不便を一日も早く解消すべきだ」というところに立ち返って、腹を括《くく》って乗り切ろう、と気持ちを立て直して臨みました。「問題が発覚した際の〝初動〟と〝対応スピード〟が重要（後手に回るほど傷口が広がる）」「自分一人でなく、組織・チームとして取り組む」などの学びを、ソニーでもかつてない出来事の中で得ました。最後は「様々なハードシップも、時間はかかっても最後は『何とかなる』（止まない雨はない、明けない夜はない）」という経験になった。

　ですが、本来こんな経験はしないほうがいいし、お客さまのためには「あってはならない」ことです。これまた、恥をさらすのを承知で社内で公表している私の失敗談の一つです。こういう思いをする人が出ることを避けるためなら、嫌われたいわけじゃないけれど、自分が煩《うるさ》く思われるのは小さな犠牲です。やっぱり、こういうことはトップの姿勢が大きく関係してくるんです。

——トップが緩かったら、その下はどうしたって緩くなるし、さらにその下は……と。

石塚　そう。今日に至るまで、日本のメーカーの不祥事が多発していますけれど、これは組織のトップや、マネジメント層の品質への考え方が影響していると思いますよ。

——上の人の社員への影響力はそこまで大きい。

石塚　社長だから、大会社だから、ではなく、スポーツを含めて組織の大小を問わず、そうだと思います。そうだ、締めにトップからいいほうの影響をもらった話をしましょうか。

——ぜひお願いします。

TR900の手ぶれ補正技術を説明

石塚　例の手ぶれ補正を入れて、自分の転機になったＴＲ９００に絡む話です。ヒット商品になったので、本社の「研究開発報告会」で、手ぶれ補正の技術説明をすることになったんですよね。大賀会長はじめ偉い人がたくさん来るので緊張しました。

——ほう、そこで偉い人とどんなお話をされたんですか。

石塚　実はもうやりとりは全然覚えていない。

ソニー創業者の一人、盛田昭夫さん（1921年1月26日〜 1999年10月3日）

――えっ（笑）。

石塚　それからしばらくして、会社で仕事をしていたら「石塚さん、石塚さん、モリタさんからお電話です」って呼ばれました。「はて、どこのモリタさんかな」と出てみると「盛田です」と。

――もしかして盛田昭夫さんから直電ですか？

石塚　声に特徴があるのですぐ分かって、こちらはもう受話器を握りしめて直立不動ですよ（笑）。お電話の内容は、手ぶれ補正のために搭載しているジャイロ（角速度センサー）についてでした。報告会には参加できなかったのだけれど、大賀さんから「飛行機に付いている高価な部品であるジャイロが、ハンディカムに搭載されるというのは画期的です」と教えてもらったので、その原理と、搭載が可能になった背景を教えてもらえないか、ということで。大賀さんはご存じの通り、小型機やヘリコプターを操縦する飛行機マニアで、航空機のメカにも詳しいわけです。

――なるほど……。

石塚　縷々《るる》ご説明して、「ありがとう、勉強になりました」と言われて、電話を切ったときは汗びっしょりでした。これも社内ブログに書いたので繰り返すのは恥ずかしいんですが、不正確なことや言い足りないことがあって後からお手紙でご報告しました。翌年、１９９３年11月に盛田さんは脳内出血で倒れられて、これが僕には最初で最後の会話になりました。

――ソニーの創業者で、自分の憧れる人が、他でもない自分の仕事に興味を持ってくれて、直接詳しい内容を尋ねてくれた。

石塚　ものすごく印象に残っています。何よりあの盛田さんが、当時33歳の若造エンジニアにいきなり電話してくるくらい、新しい技術に好奇心を持ち、それを満たすために行動することをためらわない人だ、ということに。

――めちゃくちゃお忙しいでしょうから、普通なら秘書の方に「調べておいて」ですよね。

石塚　そう、でも、自分で電話をかけてこられた。なぜかといえば、盛田さんもやはり技術者だから、エンジニアだからだと思うんです。

――ああ。

石塚　自分もエンジニアだから、そうありたいと思いますし、そしてその憧れの人であり、自分の会社のトップが、自分の開発した技術に興味を持って質問してくれたことに感動しました。めっちゃめちゃやる気が出ましたね。コロナ禍などの苦しいとき、自分自身を奮い立たせるために、この話を思い返します。

『ソニー デジカメ戦記』に寄せて

人の縁とは不思議なものだと、感じることが多くなってきたのは年齢のせいだろうか。2022年まで日経ビジネス電子版で連載中だった小田嶋隆さんのコラム「ア・ピース・オブ警句」の愛読者だった私は、小田嶋さんの訃報に接し、「あの風刺の利いたコラムがもう読めないのか……」と、とても残念な気持ちになった。たまたまソニー広報の今田真実さんに「もし機会があれば、日経BPの方に一ファンからのお悔みの言葉を伝えてください」と他意はなくお願いをしたところ、それがコラム担当の編集Y氏に伝わり、小田嶋さん追悼記事の一環で私がインタビューを受けることになった。

インタビューを終えた頃、Y氏はおもむろに胸元から超小型カメラ（サイバーショットU10）を取り出してきたのだ。思わず「スシじゃねえか！」と江戸っ子板前風の声を上げた私は、Y氏が次々と繰り出すソニーデジカメへの質問についつい乗せられ、気付いたときには〝ソニー デジカメ戦記〟の連載が半ば決まっていたのである。

連載への思い

一企業の社内部門の内輪話、しかもカメラ好きならまだしも、技術ネタが多いこともあり、一般ビジネス誌の読者は興味があるのか？　理解できるのか？　素朴な疑問を感じながらも、Y氏が「面白い！」と相づちを入れるのでインタビューを続けること、延べ十数時間。

個人的には、23年3月末のソニー卒業を前に長年携わってきた事業の歴史をまとめておきたい、特にデジタルカメラ事業の草創期（１９９６年～２００４年）、幸運にも会社にはやりたい放題の挑戦を続けさせてもらい、多くの失敗と成功を経験してきたことなどを、後輩に残しておきたいと考えていた。

00年代半ば以降に入社した世代が今や会社の中心となって将来を担うようになっているが、彼らは過去のことを知る機会も情報も少なくなっている。

ソニーに入社以来、祖業のエレクトロニクス事業に42年間関わり続けてきた私は、好不調の波を何度も経験してきた。そして03年のいわゆる「ソニーショック」から厳しい経営状況が約10年続き、特にエレクトロニクス事業はテレビやスマートフォンなどで大きな損失を計上、構造改革を繰り返しながらも商品開発とオペレーションの強化に努め、規模は追わずとも安定的な収益を上げる体質にどうにか転換することができた。

そんな中でも、社内で〝デジタルイメージング〟と呼んでいる事業は、デジタルカメラ市場とともに順調に成長してきたおかげで、規模も拡大しほかの事業に比べて高い収益性を確保していた。しかし２００８年のスマートフォンの出現とその後の普及拡大に反比例して、12年以降デジカメ市場全体は年率マイナス30%、２年で半減という猛烈なスピードで下り坂を転げ落ちていくことになった。

急成長と急降下、ダイナミックに変動してきたデジタルカメラという一つの産業を長い時間軸で理解したうえで、その渦中にあったソニーの技術者たちが何を考え試行錯誤を繰り返してきたか、私の実体験を通して現役社員に伝えておきたいと考えたのが、今回のプロジェクトを進めてきた動機である（なので、文中に競合メーカーや製品名が登場することはご容赦願いたい）。

近年ソニーグループは〝クリエイティブエンタテインメントカンパニー〟として、ようやく立ち直り好業績を維持している。時代や環境に対応して「変わらなくてはいけない」ことがある一方で、「変えてはならない」「残さなくてはならない」企業文化として伝え続けるべきものがある、と私は考えている。

上司の言葉は1レイヤーでマイナス6dB減衰する

ソニーには創業者が77年前に書いた設立趣意書があるが、今から16年前、私が担当していたデジタルイメージング事業本部では１００時間におよぶ幹部での議論の末、「基本理念―ありたい姿」（本書２６６ページ）を定めた。その中で社員に繰り返し重要性を唱えてきたキーワードは、〃創造・挑戦・自律〃〃オープンな組織風土〃〃我々自身をわくわくさせ〃である。

長年、事業の運営や企業の経営に携わる中で、この〃ありたい姿〃に近づけるために、様々な場や機会を通じて社員とのコミュニケーションを図ってきたが、重要性と同時に難しさも痛感し、まさに試行錯誤の連続であった。とかく大企業では経営者の期待に反して、「トップのメッセージを社員は読まない、聞いていない」「上司の言うことがきちんと伝わっていない」というのが現実ではないか。ソニーの技術者風に言えば、「組織の１レイヤーで情報はマイナス６ｄＢ減衰する（＝半分に減る）」。

社内でこの7年間書き続けてきた「天馬行空《てんばこうくう》」というブログを通じて、ソニーの歴史や先輩からの教え、自分の失敗から得た学び、自身の考えや社員への期待などを現役世代に伝えてきた。しかし、時には社内からのメッセージよりも外部メディアの記事のほうが家族経由も含めて社員に影響力がある。今回の記事化についてはプロの書き手で面白く書いてもらえれば、現役社員にとって読みやすく、素直に伝わるのではないかと考えた次第である。自慢話ではなく第三者の眼で客観的に伝えてもらえると素直に読んでもらえるのではないか、という期待感もあった。

この連載を通して特に伝えたかったのは、数多の挑戦があるからこそ成功も失敗もあるということ、失敗から学ぶことが次の成功や飛躍の礎になる、という経験。

というわけで、内向きの内容、内向きの動機で始めた連載であったが、いつの間にか書籍化の話が進んでいた。さすがに一般のビジネスパーソンが手に取って読みたいのか全く分からないが、編集Y氏の強い意向とのことでお任せすることにした。

強いて言えば、近年ソニーが辿ってきた苦難の道と再生の過程において、事業の現場で実際に行われていた営みを、「失われた20年」と言われた日本経済の一部と重ねて読んで頂くことで、何か参考になれば幸い、と考えている。

初めての週刊連載に悪戦苦闘……

今回のプロジェクトでは、まず秋ごろからオンライン会議を何度も重ね、「ＳＯＮＹ ｃｈｒｏｎｉｃｌｅ ２０１０」のデジタルカメラの過去の製品写真を見ながら、私の記憶を頼りに開発や事業の歴史を一通り説明していった。

年が明けて、毎週の連載記事のドラフトが送られ始めてからが実に大変な作業だった。毎週の連載に対して数回分のドラフトの校正作業が五月雨式に平行して進行することになるが、20年以上前の製品開発にまつわる出来事や背景などの事実確認や技術に関する正確性は、エンジニア出身の私としてはいささかも疎かにできず、結果かなりの手間がかかる。

私が仕事をする際は、全体スケジュールを作成したあと、進捗を確認する、必要に応じて日程を組み直すのが通常である。しかし週刊連載という人生初の体験で勝手が分からない。そして雑誌編集者という職業柄なのか、Ｙ氏の個性なのか区別は付かないが、メーカーとは明らかに仕事のやり方が違い、先のスケジュールが全く読めない。

ソニーグループでは、〝クリエイターに近づく〟という言葉がある。ここでいうクリエイターとは、音楽、映画、ゲーム、アニメなどのコンテンツを創る人々のことである。

「なるほど、Y氏はクリエイターなのだ！」。あるとき、私は勝手に納得した。

本書の中で私のフィロソフィー「こだわり・わりきり・おもいきり」が紹介されているが、Y氏はまさに「こだわり」の人である。全体スケジュールはいつまでも提示されず、我々が「ドラフトがこない」とヤキモキしているかと思うと、4回分がドサッと届く。三日三晩徹夜したとしか思えない仕事のやり方。ノッているクリエイター、いわばフロー状態のY氏にサラリーマンが数カ月間付き合うのは流石にしんどい。

42年間勤めたソニーを辞める直前は、挨拶回りやゆっくり身辺整理をしたい時期のはずだったが、記事連載と書籍化の作業にどっぷり漬かる羽目になった。

42キロのマラソンレースをほぼ走り終え、ゴールのあるスタジアムに入って手を振りながら余裕でトラックを走る姿を思い描いていたが、現実にはトラック内に連載と書籍化という障害物が待っていた……そんな感じだった。このコラムが最後のハードルでありますように。

謝辞

記事の編集には慣れているはずのソニー広報部メンバーでも、今回のプロジェクトはかなり苦労されたと思う。広報担当役員の今田真実さんをはじめとして、ソニーデジタルイメージング事業の初期から現在までの製品ほぼすべてを知る〝歴史の生き証人〟とも言うべき寺尾徳郎さん、公私ともに繁忙期が重なるなか笑顔で奮闘してくれた課長の高木亮子さん、入社間もないのにわがままな元エンジニアと編集者を繋いでくれた田村直之さん、お疲れさまでした。皆さんのおかげで私たちの事業と製品開発の足跡を面白く文字にして残すことができました。

今後も、ソニーから〝画期的な製品〟が世の中に出て、「顧客、社会、我々自身」をわくわくさせてくれることを願いながら、本プロジェクトを完了します。

2023年3月31日

石塚茂樹

最初に石塚さんとお会いするときに、なんとか気を引こうと、手持ちのソニーのデジカメを2台、仕込んでいった。本命の「α9」はあっさりスルーされたが、ダメ元で胸ポケットに入れていった「U10」が「スシじゃねえか！」という想定外の反応を引き出した。調子に乗った私の「じゃ、板さんが握っている体で写真お願いします」というリクエストに「へいお待ち！」とポーズを取ってくれる石塚さん。その姿をα9で高速連写しつつ、長編インタビュー連載と単行本の仕上がりが見えた！と脳内で叫んでいたのだった。※

SONYというメーカーへの憧れ

デジタルカメラが世に出て爆発的に拡大し、スマホに追われ、そこからレンズ交換式で新たな市場を築く過程は、栄枯盛衰のドラマに満ちている。しかも、社会に出たのが1980〜90年代の世代にとっては、ビジネスパーソンとして過ごした期間とぴったり重なる。

この期間はソニーがエレクトロニクスメーカーとして強烈に光を放ち、あのアップルから憧憬を持って見つめられた時期でもある。87年社会人デビューの私は、ソニーに関してはついノスタルジーが出てしまう。本文では頑張って自制したので、以下、ちょっとだけ

※このときの石塚さんへの最初のインタビューは「日経ビジネス電子版」の「小田嶋さんが書いていた『ソニーへの手紙』」でお読みいただけます

許していただきたい。

　自分が社会に出た頃のソニーが、製品も広告も会社としても、どんなにピカピカに見えたことか。当時のソニーには、「能力のある人々が、自分のやりたいことを、ソニーという器を使い倒してやっている」と思わせる雰囲気が、そのユニークな製品と広告を通して確かに感じ取れた。だからこそ自分もバイト代や給料を注ぎ込んで、ＳＯＮＹのオーディオやビデオ、そしてデジカメを買いまくったし、「会社は自分のやりたいことをやる場所であるべきだ」くらいに思い込むことができた気がする。もちろんソニーはそんなこと一言もコメントしていないのだが。

石塚さんのノリの良さ、写真から感じていただけるだろうか

　なのにどうして、ソニーが「カメラの新発明」として世

に問えたはずのスマホでアップルにしてやられたのか。今のソニーは大人になり、企業としては見事な復活を果たしたけれど、もうあんな「やりたいヤツがやりたいことをやっている」という、やんちゃな輝きを放つことはないのだろうか……。

石塚さん、ごめんなさい

冷静にご自身のソニーでの来し方を振り返り、後輩たちに参考として残そうとしていた石塚さんにとっては、インタビュアーがこんな変な熱を持っているとは予想外だっただろう。話の途中で遠慮なく感想や質問を差し挟み、そのくせ、企画の全体像、その中の現在位置、この先のスケジュール、といった情報がなかなか出てこない。きちんとプランを立て、進捗を管理したいエンジニアの方にとっては、私の仕事の進め方は「論外」であろう。「この編集者は自分が何をやろうとしているのか、本当に自分で分かっているのだろうか」と不安に思われたに違いない。頂いた原稿を読みながら冷や汗が滝のように流れた。

「最初から単行本の仕上がりが見えていた」などと偉そうなことを言ったではないか、と突っ込まれると思うのだが、写真で言うなら、初めから構図はばっちり見えていた。問題はピントの精度だ。どこにピンを合わせてくっきり描くのがいいのか。素材が豊富すぎて迷いに迷った。

ソニーのデジカメの語り部として得がたい存在である石塚さんが、ご自身で語りたいこと。読者が「これはどうだったんですか、どう考えたのですか」と聞きたいこと、読みたいこと。両者を重ね合わせ、どちらにとっても意味があり、しかも面白い本にしたい。その作業は、１４４ページの「コントラストＡＦ」にちょっと似ている。行きつ戻りつしながら、じわじわとピントが合ってきて、「ここだ」という場所にたどり着く、そんな感じだ。

今回はまず連載を通して大まかにピントの場所を探りつつ、書籍のための追加インタビューも大量に行い、そこから取捨選択してビシッとカリっと仕上げたい。そのためには、たまにピントをボカしてみることも必要で……そんなワガママをいちいちお知らせするのも気が引けて、「期日までに辻褄は必ず合わせますのでお待ちください」と押し込む私。石塚さんが諦めて割りきってくださったことで、この本はなんとか完成に漕ぎ着けた。心安らかに楽しもうとしておられたソニー人生のラストの期間を、この本に無理やりお付き合いさせてしまったことについては、もうおわびの言葉もございません。

心を燃やす密造酒

石塚さんのお話は、その語り口もあって熱く、率直で、適度に自己批判的。分からないことは分からないと言い、話したくないことでも聞かれれば話す。へっぽこインタビュアーの私にとってはもったいない語り手だった。それに甘えてついつい話が長くなり、あらかじめ設定された枠（たいてい2時間）を、オンライン、オフラインとも毎回必ず突破してしまう。だからやむなく涙をのんだネタが山のようにある。電池事業を担当されていた頃の〝密造酒〟としてＥＶの自主開発をやっていたエピソードなど、眠らせておくには惜しい。現役時代の石塚さんは社内ブログの人気執筆者でもあったので、いずれご自身がどこかで書かれるのではないかと楽しみにしている。

さて、この本はソニーのファクトチェックは受けているが、公式かつ客観的なクロニクルというよりも、ソニーに就職し、デジカメに出合い、そこで人生を燃やした石塚茂樹さん、そして一緒に燃えて「シゲキ的」な人生を送った方々の「戦記」だと思っている。

ソニーがきちんと利益を出せる大人の企業になったと書いた。では、人間が大人になるには何が必要なのだろう。私は「自分で自分を幸せにできること」じゃないかと思う。石塚さんが「ディスカバーＤＩ」や、ＥＶの自主開発をやっていたのは、ソニーの人々にその手段を提供するためだろう。

人生には、好きでやっていること＝密造酒が必要だ。それが仕事で味わえるなら、楽しくないわけがない。燃えないわけがない。成果だって出る（と、思いたい）。会社員よ、仕事を通して幸せになろう、というメッセージを、私は石塚さんのお話から勝手に受け取った。これがオヤジのノスタルジーでもかまうもんかな気持ちだが、考えてみれば、うちの娘さんがユーチューバーを憧れの目で見ているのも、かつての自分が当時のソニーに憧れたのと根っこは同じだろう。楽しんで仕事をしている人は、幸せを発散して他人を惹きつけるのだ。そしてそれはビジネスにつながる。

もちろんこの本は真面目なビジネス書であり、編集業務は自分の仕事。だが、正直言って大いに楽しんでつくらせていただいた。杜氏の石塚さんと、丁稚の編集Ｙがかもした密造酒、というところか。ぐっと呷って、気持ちよく酔っ払って明日の活力につなげて頂けたなら、これ以上うれしいことはない。

編集Ｙ　拝

石塚 茂樹　いしづか・しげき

ソニーグループ　元副会長
1981年4月ソニー入社。2001年 4月 パーソナルイメージングカンパニー プレジデント。2004年8月ソニーイーエムシーエス（現ソニーグローバルマニュファクチャリング&オペレーションズ））執行役員常務。2006年11月ソニーデジタルイメージング（DI）事業本部長。業務執行役員SVP、デバイスソリューション事業本部長、DI本部長、執行役EVPを経て2017年4月ソニーイメージングプロダクツ&ソリューションズ代表取締役社長。ソニー専務を経て2020年4月ソニーエレクトロニクス（現ソニー） 代表取締役社長兼CEO、2020年6月ソニーグループ代表執行役副会長、2023年3月末、ソニー退社

山中 浩之　やまなか・ひろゆき

1964年生まれ。学習院大学文学部哲学科（美術史）卒業。87年日経BP入社。経済誌「日経ビジネス」、日本経済新聞証券部、パソコン誌「日経クリック」「日経パソコン」などを経て、現在日経ビジネス編集部で主に「日経ビジネス電子版」と書籍の編集に携わる。著書に『マツダ　心を燃やす逆転の経営』、『新型コロナとワクチン　わたしたちは正しかったのか』（峰宗太郎先生と共著）、『ハコヅメ仕事論』（泰三子先生と共著）、『親不孝介護　距離を取るからうまくいく』（川内潤氏と共著）など

ソニー　デジカメ戦記
もがいてつかんだ「弱者の戦略」

2023年 5月22日　第1版第1刷発行

著　者	山中 浩之
発行者	北方 雅人
発　行	株式会社日経BP
発　売	株式会社日経BPマーケティング
	〒105-8308　東京都港区虎ノ門4-3-12
帯・カバー写真	大槻 純一
装 幀・本文デザイン・DTP	中川 英祐（トリプルライン）
作　図	中澤 愛子
校　正	株式会社聚珍社
印刷・製本	図書印刷株式会社
編　集	山中 浩之

本書籍に関するお問い合わせ、ご連絡は下記にて承ります。
https://nkbp.jp/booksQA

ISBN 978-4-296-20187-7 Printed in Japan